近代大阪の企業者群像

——機械工業を中心に——

沢井 実

大阪大学出版会

目次

[参考] 大阪市の区域の変遷

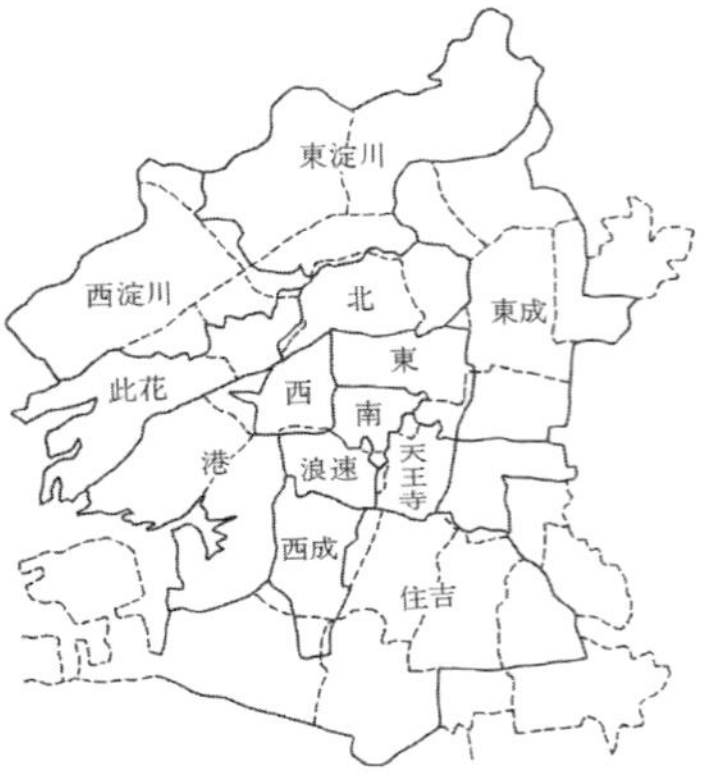

—— 1925 年の境界
----- 1974 年以降の境界

—— 1932 年の境界

—— 1943 年の境界

1935 年編入

—— 1974 ～ 1988 年の境界

出所　大阪市立大学経済研究所編『データでみる大阪経済 60 年』東京大学出版会、1989 年からの転載
（原典は大阪市会事務局『調査ジャーナル』第 36 号、1986 年）

序章

創業者型企業家の継起的出現

はじめに

「商都」大阪は同時に「工都」であったことにも留意しなければならない。第一次世界大戦期に「暗涙生」は日露戦後の大阪について「大阪の工業の盛んな事は、到底東京の及ぶ処でありません、朝盥に水を汲んで置きますと、夕方は其水が真黒になつてしまう程、至る処、煙突から黒煙を吐き出して居ります。大阪鉄工所の、後には六甲山あり、前には安治川を控へ、遠く天保沖を臨んで其処には有りとあらゆる工場が軒を列ねて立つて居る」[1]と回顧した。表序―1にあるように近代大阪の産業編成は「東洋のマンチェスター」の名にふさわしく、染織（紡織）工業が大きな存在感を示したが、一九二九年になると生産額割合は三四・一パーセントに後退した。[2]

第一次世界大戦期の大阪の経済的躍進は著しく、一九一九年には日露戦後の〇九年と比較して名目生産額は八・三倍、職工数は二・九倍に増加した。しかし一九二〇年代に大阪経済は長期的に低迷し、二九年には一九年と比較して職工数は減少している。第一次世界大戦期に次ぐ第二の拡大は満洲事変後に訪れたが、三七年七月の日中戦争の勃発、四一年一二月のアジア太平洋戦争の開戦と大阪経済は次第に戦時色を濃くしていった。二九年と三九年を比較すると職工数は二・五倍増加し、重化学工業（機械器具・金属・化学工業）の占める割合は生産

写真序−1　煙の都

額で四九・一%から七九・三パーセント、職工数では三九・〇パーセントから七一・五パーセントに急伸した。

戦時期は武器、艦艇、航空機、電波兵器、さらにそれらを生み出す工作機械など機械工業が突出して拡大する時期であり、「産業構造の機械工業化」「機械工業の兵器工業化」の時代であった。[3] もちろん戦後になると繊維産業の復活がみられたものの、高度経済成長前夜の一九五五年ですでに大阪府製造品出荷額構成は金属二三・三パーセント、紡織一八・九パーセント、化学一七・二パーセント、機械一七・二パーセントと重化学工業の割合は五七・六パーセントに及んだ。[4] その意味で機械工業の急拡大に牽引された戦時重化学工業化の成果は、不可逆的変化として戦後に継承されたといえよう。

本書の目的は、戦前期大阪で機械工業関連事業を開始し、それぞれの業界で重要な地位を築いた創業者型企業家、Captains of Industry の素顔とその事業経営の実態を明らかにすることである。経済発展の内実とはこうし

表序-1　大阪府部門別生産額・職工数の推移

（千円、人、%）

業種別	1909年		1919年		1929年		1939年		1942年
	生産額	職工数	生産額	職工数	生産額	職工数	生産額	職工数	生産額
染織	61,247	43,642	519,261	108,271	441,231	99,378	506,317	110,721	296,640
機械器具	6,190	7,634	124,275	51,442	177,471	26,762	1,147,022	243,475	1,821,029
金属	8,881	4,773	110,744	32,469	216,615	32,452	1,582,512	121,835	1,516,280
化学	26,096	13,124	186,869	30,787	241,215	32,547	671,989	64,306	870,461
飲食物	15,822	7,569	52,937	6,367	85,352	10,617	159,023	15,194	144,405
雑	12,403	10,469	87,712	21,167	131,408	33,846	221,086	44,986	305,603
合計	130,639	87,211	1,081,798	250,503	1,293,292	235,602	4,287,949	600,517	4,954,418
染織	46.9	50.0	48.0	43.2	34.1	42.2	11.8	18.4	6.0
機械器具	4.7	8.8	11.5	20.5	13.7	11.4	26.7	40.5	36.8
金属	6.8	5.5	10.2	13.0	16.7	13.8	36.9	20.3	30.6
化学	20.0	15.0	17.3	12.3	18.7	13.8	15.7	10.7	17.6
飲食物	12.1	8.7	4.9	2.5	6.6	4.5	3.7	2.5	2.9
雑	9.5	12.0	8.1	8.4	10.2	14.4	5.2	7.5	6.2
合計	100.0	100.0	100.0	100.0	100.0	100.0	100.0	100.0	100.0

［出所］農商務省編『工場統計表』、商工省編『工場統計表』、商工省・軍需省編『工業統計表』各年版、別冊。
（注）（1）1909年の金属は金属精錬業を含まない。
（2）化学は窯業、雑工業は印刷・製本、製材・木製品をそれぞれ含む。
（3）下段は構成比。

た野心的な創業者型企業家の継起的出現にほかならない。第二章で検討する日本一といわれた歯切工場を経営した溝口良吉は二九歳で独立し、「なに失敗すればもとの職人に帰るまでだと思ひながら、オーバーをきて独立の第一歩の注文とりに出た」[5]という。

現代日本では開業率の低下、産業集積の縮小が語られはじめて久しいが、本書が取り上げる戦前期大阪はその対極に位置しており、さまざまな場所で同業者の集積が形成されていた。表序―2は一九四一年に刊行された高田甚一編『現代工業人大銘鑑』にもとづいて大阪府・京都府・兵庫県在住の創業者型機械工業経営者（機械工業関連問屋・商社経営者を含む）を創業期間別に集計したものである。明治期創業のメーカー経営者の平均創業年齢は二五・五歳、問屋・商社の場合は二七・〇歳であった。それが時間の経過とともに平均創業年齢は着実に上がり、三〇～三四年期間になるとメーカー経営者で三四・〇歳、問屋・商社経営者で三三・四歳になっている。明治期と比較して創業に要する期間は長くなるとはいえ、各業界における新規参入の活発な動きは途絶えることがなかった。

本書に登場する人物はそうした動きに刺激を受けつつ開業に乗り出

表序-2　創業期間別創業者型機械工業経営者の創業年齢

（人、歳）

創業期間別	メーカー		問屋・商社		合計	
	人数	平均創業年齢	人数	平均創業年齢	人数	平均創業年齢
1890-1913	22	25.5	6	27.0	28	25.9
1914-1919	40	26.5	22	27.5	62	26.9
1920-1924	59	30.1	22	28.1	81	29.5
1925-1929	81	30.4	23	30.0	104	30.3
1930-1934	63	34.0	25	33.4	88	33.8
1935-1940	85	38.7	30	35.9	115	38.0
合計	350	32.3	128	31.2	478	32.0

［出所］高田甚一編『現代工業人大銘鑑』日刊工業新聞社、1941 年。
（注）（1）1940・41 年調査。
（2）大阪府・京都府・兵庫県在住の創業者型機械工業経営者を表掲。

し、開業後は革新的な事業経営によって後続者にとって今度は彼らが目標・メンターとなるような経営者であった。彼らが活躍した時代は後発工業国日本が技術的キャッチアップに邁進していた時代であった。彼らはさまざまなルートを通じて欧米諸国の先進技術を懸命に学び、制約の多い日本の地にそれらを定着させようと努力を重ねた人びとであった。

本書では近代大阪の機械工業関連諸産業における創業者型企業家に焦点を合わせ、彼らの企業者活動を通して企業経営、技術革新の実態に迫り、経営者を中心とした人的ネットワークのダイナミズムを明らかにする。

一　独立開業の社会的意義

工場であれ商店であれ徒弟や見習いはなぜ独立開業を志向したのであろうか。もちろん職工・店員の所得と工場主・経営者の所得格差の問題がある。戦間期になると企業規模別の賃金格差が発生し、中小零細企業で職工として働き続けるかぎり、大きな所得を望むことは次第に難しくなっていった。先の引用にもあるように独立開業することによって経営者としての所得上昇、場合によっては大企業で労働者として働く以上の所得を獲得できる可能性が生まれる。この可能性はたんなる願望ではなく、その実例が彼らの周囲には数多く存在した。そのお手本が可能性に賭ける若者たちの背中を押したとしても不思議ではない。

しかし独立開業の動機は所得の拡大だけであろうか。「一国一城の主」になることとは何を意味したのだろうか。被雇用（employed）身分と自営（self-employed）の違いは大きい。担っている業務の内容にさほど差がなくとも雇われていることからくる制約と自らが経営者として差配する自由の差は決定的と信じられていたが故に、独立開業が志向された面はたしかにあっただろう。

さらに徒弟・見習い期間は独立開業して一人前になるための修業期間、したがってその間の低賃金は当たり前という観念が広汎に流布しており、またその低賃金が中小零細工場の存立を支えるという仕組みがあったことも事実である。[6]独立開業して「一人前」[7]という観念は、同時に自営業者あるいは経営者になってはじめて都市社会でのフルメンバーシップを獲得した一人前の市民でもあるという観念とも連動していた。「職工社会」から離陸して自営業者・経営者として都市における社会生活にまつわるさまざまな義務を担っていくことが、責任ある都市市民の要件とされていたともいえよう。被雇用の労働者、技術者、職員たちが独立し、自らの経営を維持拡大していくことにいかなる夢を描いたのだろうか。本書の目的は、創業者型企業家の継起的出現を促した歴史的諸条件を探ることである。

二　本書の構成

本書では九名の企業者を取り上げるが、彼らの生年は最年長の桑田権平（一八七〇～一九四九）が一八七〇年生まれ、最年少の品川良造（一八九二～一九五二）が九二年と全員が明治前期の生まれである。

また彼らの独立開業あるいは事業開始は若山瀧三郎（一八七三～一九三八）が九八年、溝口良吉（一八八二～一九七三）が一九一〇年、酒井寛三（一八七八～一九五一）が一三年、椿本説三（一八九〇～一九六六）が一七年、桑田権平が一八年、兄弟である小林愛三（一八八九～一九八二）と品川良造が一九年、山田多計治（一八八八～不詳）[8]が二〇年、柴柳新二（一八八七～一九五八）が二四年であった。

第一章では若山瀧三郎と若山鉄工所を取り上げる。第一次世界大戦期の若山鉄工所は「東に池貝、西に若山」と称されるほどの名声を博し、一九二〇年五月には個人経営から株式会社に組織変更する。一九二〇年代の不況は工作機械業界にはことのほか厳しく、工作機械専業メーカーである若山鉄工所は東三省兵工廠向け兵器輸出の代金回収の失敗もあって二八年に経営破綻した。しかし再起を図った瀧三郎の大阪若山鉄工所は満洲事変期以降の工作機械ブームに乗ってふたたび大阪を代表する工作機械メーカーに成長した。本章では三八年二月に没するまで生産現場で陣頭指揮をとった瀧三郎の鉄工所経営の特質を検討する。

第二章では日本一の歯車工場といわれた溝口歯車工場の創業者、溝口良吉の軌跡を追跡する。アメリカのグリーソン社、ドイツのライネッカー社をはじめとする欧米諸国の最優秀歯車加工用工作機械を設備し、戦艦「大和」「武蔵」の大型ウォームホイールの歯切りを行ったのが溝口歯車工場であった。日本一の歯車工場建設にかけた良吉の思いを考察する。

第三章では大阪の中堅金物問屋であった酒井寛三商店の経営を検討する。創業者の酒井寛三は大阪における機械金物問屋の草分けの一つである林音吉商店の出身者であった。第一次世界大戦期、一九二〇年代、三〇年代、戦時期と変遷する経営環境に対応して寛三がどのような経営展開を図ったのかがここでの検討課題である。

若山瀧三郎、溝口良吉、酒井寛三がいずれも丁稚奉公を経験したたたき上げの企業者であったのに対して、第四章の椿本説三は神戸高等商業学校卒業後、内外綿を経て、兄三七郎と協力して自転車用チェーンの製造販売に乗り出した。椿本商店の新機軸は自転車用チェーン需要にかげりが見えはじめると機械用チェーンに転換したことであった。技術者ではない説三が機械用チェーンの新需要にどのように対応しながら生産を拡大していったのかが検討される。

第五章の桑田権平はユニークな経歴の持ち主であった。一八八四年に一四歳で渡米し、九三年にウースター工科大学機械工学科を卒業した後帰国した桑田は、大阪砲兵工廠、川崎造船所、大阪瓦斯を経て一九一八年にスピンドル製造に乗り出し、翌一九年にその工場を松方幸次郎との折半出資で合資会社に改組する。日本スピンドルは日本を代表する紡績機械部品専業企業に成長し、紡績業の発展を支えた。しかし戦時期になると日本スピンドルの業態も大きく変化し、軍需品生産の比重が高まった。このように戦間期から戦時期にかけて経営環境が変化するなかで桑田がどのような特徴ある経営を展開したのかが本章のテーマである。

第六章の小林愛三は京都帝国大学理工科大学電気工学科を卒業後、津山電気を経て、一九一五年に大阪電機製造に入社する。末弟の良造は神戸の素封家品川家の養子となった後一五年に神戸高等商業学校を卒業、山口銀行を経て内田汽船に転じた。愛三、良造、さらに大阪安土町で小林政治商店を経営していた次兄の政治の三名は協力して一九年一二月に大阪変圧器を創業する。変圧器専業メーカーとして重電機業界において独自の位置を占めた大阪変圧器の戦間期から戦時期にかけての経営展開、大手重電機メーカーとの熾烈な競争の実態などが考察される。

第七章では一九〇九年に東京高等工業学校機械科を卒業後、新潟水力電気発電所、長岡鉄工所組合を経て二〇年二月に大阪機械製作所を設立した山田多計治の企業者活動を検討する。大阪機械製作所にとって二七年七月の本田菊太郎の入社が大きな意義を有し、同社は三〇年代に紡績機械、紡機部品メーカーとして確固たる地位を確立するだけでなく、多計治の積極的な買収合併戦略によって製品の多角化を推進した。多計治は郷里長岡の工業化を体現する津上製作所を支援する一方、大河内正敏の提唱する「農村の工業化」にも賛同して理研ピストンリングの経営にも参画した。「打算に長じた経済的の技術家」と称された技術者経営者山田多計治の経営戦略が検討される。

第八章で取り上げる柴柳新二は大阪高等工業学校舶用機関科中退後、一九一〇年に久保田鉄工所に入所し、一七年に営業部長に抜擢され、一八年一〇月には第一次世界大戦中の鉄飢饉に対応して久保田鉄工所が設立した関西製鉄の専務取締役に就任する。柴柳は一九年に久保田鉄工所を退所して柴柳洋行を設立し、主として久保田製品の「満洲」、中国向け輸出を行った後、久保田権四郎の要請で実用自動車製造の専務取締役に就任する。久保田鉄工所および関連企業でのこうした経験を経て二四年一一月に久保田鉄工所恩加島工場の一角を借用して柴柳の個人経営である恩加島鉄工所が誕生した。三四年六月に恩加島鉄工所は株式会社に改組され、日中戦争勃発直後の三七年八月に柴柳が取締役社長を務める日本鍛工が設立され、同社は同年一二月に恩加島鉄工所を合併する。本章ではこうした恩加島鉄工所・日本鍛工の戦間期・戦時期における経営発展のプロセスを検討する。

終章では各章での議論を要約した後、戦間期および戦時期における大阪を中心とした機械工業関連企業者の多彩な活動が意味するものを検討する。後発工業国日本の機械関連産業の発展を支えた企業者の役割を組織や人的ネットワークの側面から考察する。

注

1 暗涙生「鉄工武者修行 職工生活二十年の告白［其四］」（『友愛新報』第三〇号、一九一四年六月一五日）。

2 近現代大阪経済史については、阿部武司『近代大阪経済史』大阪大学出版会、二〇〇六年、宮本又郎「商都の成り立ち―産業・経済からみた近代大阪の歴史」（創元社編集部編『大阪の教科書』二〇〇九年）、阿部武司・沢井実『東洋のマンチェスターから大大阪へ』大阪大学出版会、二〇一〇年、沢井実『近代大阪の産業発展―集積と多様性が育んだもの』有斐閣、二〇一三年、富澤修身『都市型中小アパレル企業の過去・現在・未来―商都大阪の問屋ともの作り』創風社、二〇一八年、沢井実『現代大阪経済史―大都市産業集積の軌跡』有斐閣、二〇一九年など参照。

3 沢井実・谷本雅之『日本経済史』有斐閣、二〇一六年、三一九―三二〇頁。

4 大阪府編『大阪府統計年鑑』昭和三二年度版、一九五八年、一三五―一三六頁。

5 村上房雄「旋盤工から日本一の歯車工場主となつた溝口良吉氏奮闘録」（『実業之日本』第三八巻第二二号、一九三五年一一月）八七頁。

6 大都市における「小経営」再生産のメカニズムを詳細に検討した重要な作品として、谷本雅之『在来的発展と大都市―二〇世紀日本における中小経営の展開』名古屋大学出版会、二〇二四年がある。

7 本書とは異なる視角からではあるが、近代日本における「一人前」観念の変遷を描いた作品として、禹宗杬・沼尻晃伸『〈一人前〉と戦後社会―対等を求めて』岩波新書、二〇二四年参照。

8 山田の没年が確認できないが、一九六八年時点で八〇歳の山田が壮健であったことが確認できる（内山弘・塚田正之助・星野庄吾『長岡の鉄工業―機械産地への道程』パロール、一九八四年、六一頁）。

第一章

若山瀧三郎と若山鉄工所

はじめに

若山瀧三郎は、徒弟修業を経た職工からのたたき上げで第一次世界大戦期には工作機械専業メーカーの経営者として著名であり、しかも一九二〇年代末期の挫折を経て立ち上がり、ふたたび日本有数の工作機械メーカーの経営者になるという波乱に満ちた人生を送った人物であった。生涯工場を離れず晩年になっても「工場巡視中に、よく機械を調べられたり、自らハンドルを持たる、こともありました」という経営者であり、入社間もない若い技術者の祖母が喘息で苦しんでいるのを知るといろいろと面倒をみるような人物であった。[1]

戦前日本において工作機械専業企業を維持していくことは容易なことではなかった。戦間期には池貝、大隈、唐津、新潟の各鉄工所および東京瓦斯電気工業が五大メーカーとして有名であったが、このなかで工作機械専業メーカーは唐津鉄工所のみであり、長期不況期である一九二〇年代における製品多角化を行わない同社の経営困難はひと

図 1-1　若山瀧三郎の近影（以降、写真はすべて片桐武一郎編『故若山瀧三郎氏追悼録』1940 年からの引用）

きわ厳しいものであった。五大メーカーに次ぐ位置にいたメーカーの多くも一九二〇年代には製品多角化をはかり、諸機械生産によって不況を耐え忍ぶしかなかったが、唐津鉄工所と同様に二〇年代においても基本的に工作機械専業を貫こうとしたのが若山鉄工所であった。

若山鉄工所の特長はアメリカ製工作機械を多数設備し、高品質の旋盤をはじめとする工作機械を生産したことであった。一方で戦間期の若山鉄工所には学卒技術者はほとんどおらず、瀧三郎と呉海軍工廠の熟練工であった日比粲三が現場を統括した。一九二〇年に株式会社に改組して一層の飛躍をはかるものの、一九二〇年代の長期不況を乗り切ることはできず、二八年末に経営が破綻する。昭和恐慌期の苦しい再建期を経て満洲事変期以降の需要拡大を追い風にして新生大阪若山鉄工所は拡大を続け、戦時期には日本を代表する工作機械メーカーに成長するが、三八年二月に没した瀧三郎は拡大一途の同社の行く末を見届けることはできなかった。

瀧三郎に率いられた若山鉄工所・大阪若山鉄工所はまさに“feast or famine”（饗宴か飢餓か）といわれた振幅の激しい工作機械需要動向に翻弄されながら、工作機械業界において独自の地位を占めた。本章の目的はできるだけ瀧三郎と若山鉄工所の行動に内在しつつ、数少ない工作機械専業メーカーであった同所の経営の特質を明らかにすることである。

一　創業から第一次世界大戦期の拡大へ

若山鉄工所の創業者若山瀧三郎は一八七三年三月八日に岐阜県養老郡上多度村に生まれた。小学校中退後一〇歳頃より近在の野鍛冶を転々とした。一五歳から一八歳まで奉公した野鍛冶の親戚筋に当たる大阪市南区鍛冶屋町の江崎鍵治郎（鉄工場経営）を頼って九一年に来阪した。三年間の年季奉公を終えた後も瀧三郎は江崎鉄工所に約三年勤務した。瀧三郎は二一歳のときに金光教難波教会の信者となり、以後篤信家としての信仰生活に変化はなかった。主家の信任を得た瀧三郎は二二歳で鍵治郎の妻の妹の婿養子となり、大垣の旧家若山家を相続して若山姓となった。[2]

一八九八年に二五歳で独立した瀧三郎は南区鍛治屋町において江崎工場の下請け作業を開始し、後同町内の家屋を買い取って工場を設けた。当初は「江崎工場より鋳物の残り物や、諸材料をもらひ、仕事を分け与へられ」[3]る状態であった。親戚筋であり呉海軍工廠の熟練工であった日比粂三が入り、瀧三郎は日比と協力して研究を重ね、六カ月かかって六呎旋盤（心間距離が六フィートの旋盤）を造り上げ、この手回し六呎旋盤によってやっと独立した仕事ができるようになり、江崎工場の下請け作業を行った。江崎工場はポンス（打抜加工）専業であったが、瀧三郎は「足踏式手工ポンス」を発明し、これによって大きな利益を得ることができた。[4] 一九〇〇、〇一年頃から著名な機械工具、機械商である岩田兄弟商会との間で旋盤取引が始まり、「若山さんは頭と腕で良い機械を売出しまして、谷町よりはよく売れ又高価でもありました。高かつた丈けは良い品と評価されて居ました。工場の設備はさほどでなかつたが夫れ以上の良品を造つて居りました。若山さんはマジメ一方で、腕と頭で良品を造りましたが、外交の手腕には多少欠けてゐました」[5]というのが同商会番頭の評価であった。

このように「立売堀に機械商その他が、製造工場と需要者との間に介在して取引をな」すことが商慣習となっていたが、瀧三郎は直接販売の道を切り開いていった。こうしたことを行う若山工場に対する反発も大きく、湊町の鉄道駅構内で若山製工作機械が他の粗悪品とすり替えられる事件も発生したという。[6]

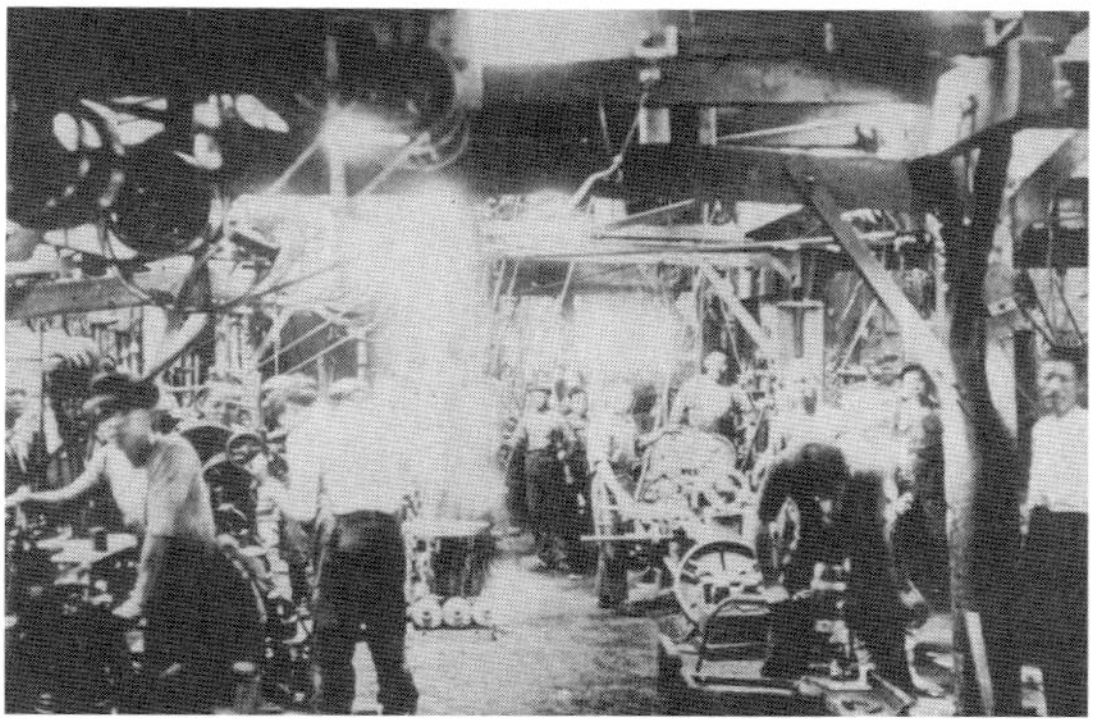
図 1-2　鍛治屋町時代工場の内部

日露戦争時には工業動員の一環で大量の砲弾を生産して大きな利益を上げ、また旋盤の国内販売、中国輸出でも利益を上げた。若山工場は日露戦後になると工作機械専業メーカーとなり、川口のアンドリュース商会経由でアメリカ製工作機械を積極的に購入して設備を充実し、瀧三郎は日比と協力して工作機械の研究に没頭した。陸軍砲兵工廠への納入を実現させたのもこの頃であった。[7]

第一次世界大戦は工作機械工業発展の一大転機となった。「開戦後輸入品の途絶を補充するの必要ありしと内地に於ける造船業及諸機械製造業の隆盛とは内地製品の需要を大ならしめたるを以て今や生産額八百万円に及び進んで露国支那南洋等にも輸出し其の額大正五年に於て百十万円大正六年六十四万円を算し工作機械製作業は我機械工業中軽からざる地位を占むるに至れり」[8]といわれた。農商務省調査（一九一七年八月実施）によると、工作機械の「大工場は総て他の機械の製作を兼営し、工作機械のみを専門に製作し居る工場は殆無し。然るに中小工場に於ては、専ら工作機械の製造に従事し居るもの尠しとせず。而して中位の種類に属する工場は多く大阪方面に在り、例へば合資会社陸福製作所及若山鉄工所、井上鉄工所、作山鉄工所、足立鉄工所等の個人経営の工場は、目下工作機械を専門に製作し、各年産額十万円を下らざるが如し。東京方面に於ける工作機械専門工場は、大阪方面のものと比較すれば、其の規模甚小にして、年産額十万円に達する者少し」であった。第一次世界大戦期における大阪の工作機械兼営大規模工場としては久保田鉄工所、汽車製造、藤村機械、安田鉄工所、川崎鉄工所などがあり、若山鉄工所は工作機械専業メーカーとして紹介されていた。[9]

一九一四年末、ロシアのモスクワ砲兵工廠が砲弾製造用の旋盤を日本に大量発注した。このときはロシアのメルウキッチがアンドリュース商会経由で日本の各メーカーに発注し、若山鉄工所では六呎・八呎旋盤を大量に受注した。若山製旋盤をモスクワ砲兵工廠で使用したところ「成績頗る可良なりしを以て爾来続々注文に接し、数百台の納入を為した」。一八年初の若山鉄工所は南区鍛治屋町の本工場のほかに東成郡鶴橋町に分工場を有しており、年産額一二〇万円と称された。若山鉄工所では「五十余台の欧米製最良機備へ、小部分の製品と雖も主要なる点は、同所にのみ唯一備へ付けられたる試験機を以て最密の検査を遂げ、十分優秀なるを認めたる後であらずんば《ママ》、提供せない」方針であった。販路は各海軍工廠、造船所、砲兵工廠、製鉄所、煙草専売局等を主とし、さらに南洋豪州等からも注文があった。[10]

長男の瀧三（一八九八年生まれ）が一九一七年に大阪市立都島工業学校機械科を卒業して入所し、「後に渡米二ケ年紐育大学機械工学科に学び」、二〇年に帰国した。[11] 一七年から二〇年五月まで若山鉄工所に勤務した前川義二（前川歯切工場創業者）によると、瀧三郎は「対外的交渉以外は、必らず工場内に居て、部下をよく指揮して行くとか、又自分の立場を守つて好模範を部下に示してゐられました」。「若山工場は欧洲大戦時は、特に盛業を続けました。当時他の工場も忙がしく、何れも深夜業やら徹夜業をやつてゐましたが、若山工場は朝七時から夕七時まで、十二時間作業を厳に励行いたしました。職工の疲労、仕事の能率に着眼され」、「工場は二百五十坪位で、工員は五十人位でありましたが、其頃としては大規模であり」、「当時若山工場は盛んに英式旋盤六呎、八呎、十呎、十二呎、十六呎、を主とし米式八呎も製造してゐました。欧洲大戦中は大盛業でした。セーパー（形削盤）もやつて居られました」。「故人（瀧三郎—引用者注）は時々吾々に向はれて、自分の学歴のない事を残念がられ、そして皆はよく学び、よく励めよとしみじみ御話がありました」、「前夫人テイ殿は誠に秀れた方で内助の功大なるのみならず、男勝りの何から何まで引受けてせられ、故人をして後顧の憂をなさしめなかった方であ」った。[12] 姉によるとテイは「瀧三を負ぶつて、鍛冶の向槌を打つたり、商売事務から家事一切を一手に引受け、捌きを付けて行つた女丈夫」[13]であった。

農商務省編『工場通覧』各年版から若山鉄工所の従業者数をみると、一九〇九年末七名、一六年末三八名、一七年末四三名、一八年末五五名、一九年末五二名であり、[14] 前川義二の指摘通り、大戦前の町工場が大戦中の拡張によって代表的な工作機械メーカーに成長したことがわかる。一方工業之日本社『日本工業要鑑』によると、一八年の従業者数は一二〇名、一七年の生産高は「レース其他機械類」三五〇台であり、設備機械のうち旋盤一六台は自家製、七台はアメリカ製であった。[15] 一九年の生産額は「レース其他」五〇〇台、

表 1-1　若山鉄工所の役員

氏名	1920 年	24 年上期	28 年上期
若山瀧三郎	取締役社長	取締役社長	取締役社長
若山瀧三	専務取締役	専務取締役	取締役
若山忠助	常務取締役	取締役	
鷲野久助	取締役	〃	
澤野為之助	〃	〃	
浅井菊次郎	〃		
津田常七	監査役	監査役	
日比琢三	〃	〃	
谷玖一	〃	〃	
岩田喜右衛門	相談役	相談役	
久保田権四郎	〃	〃	相談役
古山光二	支配人		
小林鍗四郎			取締役
鷲野卯八			監査役
浦谷清左衛門			〃

［出所］工業之日本社編『日本工業要鑑』第 11 版、1920 年、「工業要録」18 頁、若山鉄工所『営業報告書』第 8 回、9 頁、同、第 16 回、7-8 頁。

一五〇万円に達した。[16]

第一次世界大戦中の増産によって鍛治屋町の工場は拡張の余地がまったくなくなったため、一九二〇年五月に西区南恩加島町に資本金二〇〇万円（払込資本金一〇〇万円）の株式会社若山鉄工所を設立した。三五八〇坪の敷地に多数の輸入工作機械を設備した工作機械専門工場（建坪一二五〇坪）が建設された。[17] この頃の若山鉄工所は「東に池貝、西に若山」と称され、瀧三郎の前途は明るかった。法人化後の二〇年の社員は一五名、職工数は二三〇名、工場長は日比粲三であった。設備機械のうち旋盤二六台は自家製、九台はアメリカ製、さらにタレット旋盤二台、ボール盤七台、竪削盤二台、形削盤六台、歯切盤五台、研磨盤二台、中ぐり盤一台、フライス盤三台もアメリカ製であり、若山鉄工所の輸入設備機械はすべてアメリカ製であった。外国製工作機械の設備比率のきわめて高い工場であったといえよう。また福岡の谷商店と名古屋の鷲野商店が代理店になって販路開拓に貢献した。[18]

表1―1にあるように若山鉄工所の役員は、瀧三郎が取締役社長、長男の瀧三が専務取締役、忠助が常務取締役、鷲野久助（名古屋の機械商）、澤野為之助（コークス・蒸留水製造業）[19]、浅井菊次郎の三名が取締役、津田常七（瀧三の妻テイの父、染呉服商・津田常商店取締役）[20]、日比琢三（日比本家主人、瀧三郎の異母弟）、谷玖一の三名が監査役、岩田喜右衛門（機械商）と久保田権四郎が相談役、古山光二が支配人であった。

表 1-2　主要工作機械工場（1921 年）

（千円、人）

社名	資本金	払込資本金・投資額	職工数
㈱池貝鉄工所	6,000	3,400	700
㈱唐津鉄工所	2,000	1,520	480
㈱新潟鉄工所	5,000	3,500	400
汽車製造㈱	2,700	2,210	200
東京瓦斯電気工業㈱	20,000	17,500	265
㈱若山鉄工所	2,000	1,000	150
久保田鉄工所	5,000	1,000	120
安田鉄工所	20,000	5,844	174
㈱大隈鉄工所	1,000	700	270
㈱小松製作所	1,000	500	150
白楊社		100	30
㈱碌々商店	200	200	120
（資）城東製作所		150	107
平尾鉄工所		200	50
㈱作山鉄工所	500	250	200

［出所］農商務省工務局編『主要工業概覧　第三部機械工業』1921 年、93-94 頁。

表1―2にあるように法人化後の若山鉄工所は工作機械メーカーとして池貝鉄工所、唐津鉄工所、新潟鉄工所、東京瓦斯電気工業などの後に五大メーカー（上記四社および大隈鉄工所）と称される企業群の次に位置していた。大阪の工作機械メーカーとしては久保田鉄工所、安田鉄工所、城東製作所、平尾鉄工所、作山鉄工所が表掲されているが、後にみるように一九二〇年代の長期不況のなかで経営を維持できたのは久保田鉄工所と平尾鉄工所のみであった。

二　一九二〇年代の困難と挫折

一九二〇年代に入ると、第一次世界大戦期と比較して工作機械市場は急縮し、各メーカーは長期の不況に呻吟することになった。若山鉄工所の二〇年五月の法人化は一九二〇年恐慌勃発直後であり、その後も「平和恢復ト共ニ漸次凋落シ殊ニ軍備縮少ノ為陸海軍用品ノ註文減少シタル為工場ヲ閉鎖シ或ハ他ノ機械ノ製作ニ転シタル工場尠カラス」[21]といわれたようにワシントン海軍軍縮による工作機械需要の急縮、二〇年代における日本経済の長期停滞によって工作機械業界は苦難の一〇年を経験することになった。大阪府工業課の調査によると一九二〇年恐慌勃発後の大阪工作機械業界の動向は、「大正九年四月財界の変調に際して他の産業の如く急激に其影響を受けなかつたが六、七月頃から漸次不況の度を増して十年一月頃からは金融益々梗塞されて平時取引銀行と云つても担保付貸出しをもなさない有様で一方註文者或は買主は註文取消又は取引拒絶するもの続出して仕入品は売捌かれず製造者は日々に窮境に陥つたが尚工場閉鎖、事業を縮小したもの比較的少数で他日景気恢復の際に対応する考を以て極度の緊張気分を持続したが十一年一月からは依然として景気回復せず相当の註文あつても職工維持策として斯業者は競うて低価を以て入札し註文を引受けんとするので中級業者は経営上の手当及居残りによつて従来の職工に給与してゐた増賃銀を廃するの止むなきに至つた、資本の充実せるものは副業として仕入品の製作に着手し機械運転停止を辛うじて防ぐ手段として操業するものもあつた」[22]といったものであった。

長期化する不況のなかで前掲表1―2に示された在阪有力工作機械メーカーであった作山鉄工所、城東製作所、安田鉄工所が相次いで廃業に追い込まれた。[23] そうしたなかで残存企業の職工数も一九一九年から二〇年にかけて平尾鉄工所は五〇名から三〇〜三九名層、井上鉄工所は一四〇名から二〇〜二九名層、足立鉄工所は七四名から二〇〜二九名層、野村鉄工所は五〇名から一〇〜一九名層へと減少し、若山鉄工所も二〇年の二三〇名、二一年の三九〇名から二四年には一〇〇〜一九九名層に大きく後退した。[24] こうした事態に対応して大阪工作機械製造同業連合会は二四年に国産品愛用、奨励金交付、免税、規格制定など一二項目の要望を政府に提示したものの、[25] 翌年には「其後製造業者も減じて今日では合同するにもする人がいなくなりました様な有様[26]」といった状況を迎えていた。

若山鉄工所も当初は仕入品＝ストック品の生産を行ったが、一九二四年上期には「今期ニ於テ予期ノ如キ成績ヲ挙ゲ得ザリシハ一ニ金融梗塞ノ結果ノミ即チ当社ハ夙ニ在庫品ヲ貯フルノ余裕ナカリシヲ以テ折角ノ照会モ恨ヲ呑ンデ好機ヲ逸シタルモノ多ク[27]」といった事態を迎えていた。若山鉄工所は二四年二月一五日の臨時株主総会において資本金二〇〇万円を五二万五〇〇〇円に減資することを決定し、二四年下期に三七万円余の減価償却を行うとともに一〇万円余の前期繰越損金を補填した。[28] 二四年上期には「震災復興案ヲ協賛スベキ臨時議会モ目睫ノ間ニ迫リ内地ハ素ヨリ満洲支那本部等ヨリノ見積照会モ引続キ多数ニ上ルベキヲ以テ減資断行ト共ニ最モ必要ナル運転資金ヲ充実シテ豊富ナル在庫品ヲ貯ヘ以テ多忙ナル将来ニ備ヘントス[29]」と期待を語り、二五年下期には「本社多年ノ苦況ヲ恢復スベク新任重役ニ於テ社内ノ大整理ヲ断行シ作業能率ノ増加ニ勉メタルモ経済界ノ不況ハ依然トシテ益々険悪ヲ加ヘ（中略）高級工作機械製造業者ノ閑散ナルハ大戦以前ノ悲境時代ノ再来セシ状態[30]」であった。

一九二五年下期に瀧三郎は社長の座を退き、二名の代表取締役には鷲野卯八（二五年一一月末現在の持株数は二〇〇株）と浦谷清左衛門（一五〇株）、常務取締役には南方寅次郎（三〇〇株）が就任し、取締役は瀧三郎（三一八八株）、瀧三（一五〇〇株）、澤野為之助（三〇〇株）の三名となった。創業期の相談役は岩田喜右衛門と久保田権四郎であったが、二五年下期にも久保田権四郎（一五〇株）は引き続き相談役を務め、新たな相談役として勝本忠兵衛が就任した。[31] しかし重役陣の交代も業績の回復に結びつかず、二六年上期には資本金はふたたび二三万円にまで減資された。[32] 二六年下期になると重役は瀧三郎、瀧三、澤野為之助、南方寅次郎の四名が取締役、監査役が鷲野卯八と浦谷清左衛門となった。前期に代表取締役に就任したばかりの鷲野卯八と浦谷清左衛門の両名は監査役に退いた。[33]

一九二七年上期になると瀧三郎がふたたび取締役社長に復帰した。二八年上期に取締役社長は瀧三郎、取締役は瀧三と小林鍗四郎の両名となり、相談役も久保田権四郎のみとなった（前掲表1—1参照）。同期には「社内の完備と従業員の献身的努力とに依り注文は激増し日夜孜々として倦まず社運の隆盛に努めたる」[34]にもかかわらず、若山鉄工所は二八年一二月をもって解散し工場を閉鎖した。瀧三郎は五五歳になっていた。倒産の直接の原因は東三省兵工廠[35]（一九二一年竣工）総弁の楊宇霆から兵器類の大量注文があり、若山鉄工所は先方の図面通りに大砲数百門の製造に取りかかったものの、張作霖の勢力が衰えると東京の同業者が代金を早々に回収したのに対して、若山の動きは遅く、回収の失敗によって大損失を招くことになったためであった。[36]

整理に先立って瀧三郎は「私財をすつかり根こそぎ提供した。一面職工賃金は遅くになつても払はねばならず、瀧三氏は父瀧三郎氏の生命保険証、愛妻の衣類貴金属、愛児の貯金等に至る迄、金銭に代るもの始《ママ》ど全部を持ち出して支払つた。解散前の一一月末に至つて未だ一〇月分の職工賃金が払へない窮状に至り、一二月末漸くそれを片付けても、当時一八〇人程の解雇手当は一文と雖も出せない状態であつた」[37]。

設立時から一九二八年の解散時まで若山鉄工所の相談役を務めた久保田権四郎は「同社の株主として、重役として大損失を招いた外に、相当御援助金を差上げたやうな次第でありました。（中略）意気銷沈せる若山さんを鼓舞激励したる事一再ではなく、又常に精神的に御援助を申し上げて居ました」と回顧しつつ、「自分の住居は、たとへ雨漏りあるとも辛抱するが、天職たる工場は絶対に明るく、清く、気持ちよくする心持である」[38]との瀧三郎の言葉を共感をもって紹介している。

また先の前川義二だけでなく、若山鉄工所からは多くの鉄工所関係者が育った。そのなかには戦時期の布施市高井田で大阪湯本鉄工所を経営する湯本栄蔵もいた。湯本は一九一七年に若山鉄工所に入所し、二九年二月に退所して東区神崎町に大阪湯本鉄工所を設立した。同年に東成区中道本通に第二工場、さらに東区内久宝寺町に第三工場を設置し、狭隘を感じたため三八年七月に高井田に三工場を合体した工場を設立した[39]。

三　復活と一九三〇年代の成長

帝塚山の久保田権四郎の地所に接した土地を処分して整理費用に充当し、京都電機の知人の尽力で瀧三郎と瀧三は京都の奥村電機工場跡を利用して幹部技術者や職工を率いて一九二九年一二月から生産を再開し、同時に京都市左京区に合資会社若山鉄工所（資本金一五万円）を設立した。[40] しかしこの試みは成功せず、一年足らずで京都から引き上げることとなり、今度は三〇年八月に瀧三郎が旧恩加島工場付属の倉庫内に工場を開業した。この生産再開は「債権者の一なる銀行は整理後であるため、債権者には渡さない事を条件として、そのうちの機械一〇台と金三〇〇〇円を運転資金として貸すのではなく只呉れた」ことによって可能となった。[41] このとき「故社長さんは、自ら少量づつの材料を買出しに行かれたり、また工場内に残つてゐる材料を拾ひ集めて、小型の工作機を作つてゐました。職工も僅かに五六人であつて、故社長さんも皆と共に働かれました」といった状態であった。この工場はあまりにも手狭であったため、帝塚山の岩橋工場内に工場を借り受けたが、従業員によると「殆んど仕事も無く（中略）材料は御自ら谷町に出でて買取り、吾々が自転車に積んで帰つた事も度々ありました」といった状況が続いた。[42] 後妻の久子によると「一年余りは、京都と大阪で持ちこたへんとして、随分奮闘いたしましたが及ばず、その後しばらくの間、私共夫妻だけとなりまして、金も材料も無き、帝塚山の借工場で苦しみ抜きました。これは亡夫一代のドン底生活[43]」であった。このように昭和恐慌期における工場再建は苦難に満ちたものであった。

転機は一九三一年九月の陸軍造兵廠からの発注であった。これによって若山工場は再生のスタートをきることができ、三三年一二月に改めて合資会社大阪若山鉄工所（資本金三〇〇〇円）が設立され、また名古屋の三菱重工業から三年間にわたる大量注文を受けることができた。[44] 満洲事変後の大阪では「工作機械類の需要は昨年（一九三二年─引用者注）来軍需品工業を始め各種工業の活況につれて頼みに需要を増し谷町を

表 1-3　大阪若山鉄工所・大日本工機の営業成績

（千円）

期別	公称資本金	払込資本金	売上金	当期利益金
1936 年上期	200	200	400	39
下期	1,000	400	627	58
1937 年上期	〃	600	735	71
下期	〃	800	939	143
1938 年上期	3,000	1,500	1,416	274
下期	〃	2,000	2,025	384
1939 年上期	7,000	3,000	2,680	501
下期	〃	4,500	3,462	714
1940 年上期	〃	6,000	4,093	860
下期	〃	7,000	4,360	511
1941 年上期	〃	〃	5,320	636
下期	〃	〃	6,296	751
1942 年上期	〃	〃	7,549	1,069
下期	14,000	8,750	8,199	1,366
1943 年上期	〃	14,000	9,371	1,394
下期	16,000	16,000	11,639	1,665
1944 年上期	33,643	21,643	16,693	3,061
下期	34,767	22,767	18,713	1,847

［出所］大阪若山鉄工所・大日本工機『決算報告書』各期。
（注）1942 年 12 月に大阪若山鉄工所は大日本工機に改称。

中心に旋盤、平削盤ボール盤等々は大小メーカー入乱れて争奪戦を演じ、機械問屋又これに応じて売止め、売惜み、先物契約等宛然投機化してこゝに工作機械は、熱狂的な需給競争を見るに至つた（中略）最近二月頃から我国の対連盟空気悪化し今にも脱退、経済封鎖等が論議され国際関係緊張化と共に再び工作機械買漁りは先鋭化し又今後益々激烈ならんとしてゐる」[45]といった状況を迎えた。

こうしたなか若山瀧三郎は一九三二年一〇月に今宮長橋通三丁目に設置した今宮工場（一五〇坪）[46]に恩加島の工場を移し、日本海上ビルにあった設計部も同所に移した。その後帝塚山の借工場も今宮工場に合併させ、三三年三月には新たに大仁工場を設置した。[47]三三年における今宮工場の職工数は五〇名、設備工作機械台数は二六台、総生産

表 1-4　主要工作機械工場（1936 年）

（円、人、台）

級別	工場名	生産額（A）	職工数（B）	設備工作機械台数	(A)/(B)
A 級	㈱池貝鉄工所	3,166,827	599	382	5,287
	東京瓦斯電気工業㈱	2,867,978	418	272	6,861
	㈱新潟鉄工所	1,232,800	434	234	2,841
	㈱大隈鉄工所	3,129,568	703	403	4,452
	㈱唐津鉄工所	3,100,000	537	170	5,773
B 級	㈱大阪若山鉄工所	1,109,150	125	88	8,873
	㈱平尾鉄工所	750,000	85	96	8,824
	㈱難波鉄工所長岡工場	335,900	92	50	3,651
	㈱難波鉄工所大宮工場	172,950	60	53	2,883
	野村製作所	286,325	59	55	4,853
	㈱岡本工作機械製作所	289,105	38	31	7,608
C 級	㈱篠原機械製作所	1,233,719	315	260	3,917
	㈱山武商会大森製作所	272,300	127	57	2,144
	碌々商店工業部	245,100	62	38	3,953
	㈱日本機械製作所	119,000	42	30	2,833
	須藤鉄工所	174,470	55	42	3,172
	㈱井上鉄工所	246,000	70	43	3,514

［出所］商工省工務局「主要工作機械工場ノ生産額、職工数、設備対照表（昭和 11 年）」昭和 13 年 2 月 4 日。

額は二〇万五七〇〇円（うち工作機械生産額は一三万七五〇〇円）、一方大仁工場は職工数三五名、設備工作機械台数一五台、総生産額一二万円（全額工作機械）であった。三三年に大阪の工作機械メーカーで生産額が一〇万円を超えるのは、大阪若山鉄工所以外では平尾鉄工所二九八千円、大阪機械製作所一五五千円、江崎鉄工所一〇八千円、井上鉄工所一〇五千円のみであり、再建された大阪若山鉄工所は早くも大阪を代表する工作機械メーカーになっていたのである。[48]

一九三四年七月に合資会社を株式会社（資本金一五万円）に改組、三五年一〇月に資本金を二〇万円、三六年六月に一〇〇万円に増資した。三七年一二月に第二若山鉄工所（資本金二〇〇万円）を設立し、三八年五月にはこれを合併して資本金を三〇〇万円とした（表1—3

参照）。[49]

一九三〇年代における大阪若山鉄工所の成長にとって、三菱重工業からの大発注とともに「満洲国」による北満鉄路買収に関連して東京の清水貿易から工作機械（一〇〇万円近い大型車輪旋盤一〇台など）のロシア向け大量輸出がもたらされたことが大きかった。[50]大型車輪旋盤は一台七〇トンもする大型であり、その加工のためにアメリカから片持型の平削盤を輸入し、さらに今宮工場を拡張して二〇トンクレーンを新設した。[51]工作機械をめぐる好景気は持続した。大阪府経済部工務課は三五年七月から三六年六月の工作機械市況について「工作機械工業は時局の好影響を反映して依然たる好況を続け、軍需産業を始め一般工業界の需要増、及び満支、印度等への輸出増進に依り好勢裡に終始したり、殊に本期は需要が一般普通品より精密度高き特殊工作機械へと移行したることは注目す可き事なり」[52]と報じた。

一九三六年時点での主要工作機械工場をみた表1―4にあるように大阪若山鉄工所は五大メーカーに次ぐ位置にいた。三三年実績と比較すると、職工数は八五名から一二五名、設備工作機械台数は四一台から八六台、生産額は二五万七五〇〇円から一一〇万九一五〇円に増加した。一〇年の株式会社化の直後にも五大メーカーに次ぐ位置にいたことを先に確認したが、その後の挫折と復活を経てふたたび大阪若山鉄工所は往年の姿を取り戻したのである。しかも職工一人当たり生産額をみると同所の数値は五大メーカーを上回っており、生産性の高い工作機械工場であったことがうかがわれる。

四　瀧三郎没後の大阪若山鉄工所―戦時期―

大阪若山鉄工所は一九三七年末に大阪府泉北郡福泉町に六万五〇〇〇坪の土地を購入して信太山工場の建設に着手し、三八年一〇月には工作機械製造事業法にもとづく許可会社に指定された。三八年の従業者数は七五〇名を数え、同年二月に資本金を七〇〇万円（払込資本金四五〇万円）に増資した。[53] 前掲表1―3にあるように大阪若山鉄工所の資本金はアジア太平洋戦争期に急膨張し、売上高も毎期増加を続けた。三九年に御幣島の秋田鋳物工作所を買収して念願の鋳物工場を手に入れ、次に日興産業（後述）の手によって木下鉄工を買収して市岡工場とした。[54]

一九三八年二月一五日に瀧三郎が逝去すると社長には谷田俊二郎、専務取締役には瀧三、常務取締役には渡邉政夫がそれぞれ就任した。[55] 渡邉は大垣商業学校卒業後一八年に鍛冶屋町時代の若山鉄工所に入所し、整理倒産も経験して瀧三郎と苦楽をともにした生え抜き社員であった。[56] 一八九四年兵庫県生まれの谷田俊二郎は一八年に早稲田大学法科を卒業し、弁護士として活動し、後経済界に転じて金融会社である日興産業を興し、「若山鉄工所の再生のときに融資関係から重役となつたもので、最初は社外重役として経営に関係しなかつたが、その後、両社（大阪若山鉄工所と日興産業―引用者注）の関係が密接になるとともに、第一線に立つことになつた」[57] のである。

『東洋経済新報』（一九三九年二月四日号）は七〇〇万円増資にともなう第一回払込金一〇〇万円は信太山工場の第一期拡張に必要な設備資金四〇〇万円の四分の一にすぎず、信太山工場の第二期拡張（タレット旋盤の専門工場建設）および本社工場（今宮工場）と信太山工場の航空機部品増産のためにさらに八〇〇万円が必要と報じた。今後の払込徴収・増資とともに拡張資金の一部は安田銀行・安田信託から提供されることになり、安田信託は同行取締役の小山信三郎を大阪若山鉄工所の取締役として送り込んでおり、今後新たに五〇〇万円の資金貸付を予約しているとした。[58]

しかし一九三九年下期に大阪若山鉄工所では小山信三郎を含む六名の取締役と二名の監査役が辞任し、役員は谷田俊二郎取締役社長、若山瀧三専務取締役、渡邉政夫常務取締役、山川儀市郎監査役の四名のみとなった。[60] 続く四〇年上期には倉橋駿一常務取締役、取締役に高木半兵衛、森暁、小日向栄次郎、監査役に小山信（新）三郎と森平兵衛が加わり、さらに同年下期には寺田甚吉が取締役に加わった。[61] 四一年五月末日現在の大株主は表1―5の通りであった。倉橋は安田信託の融資関係から経営陣に参加し、経理部長を兼務した。小日向は鉄道省の名古屋鉄道局工作部長を最後に四〇年二月に大阪若山鉄工所に入り、製作部と技術部の両部長を兼務した。高木は両丹銀行頭取であり、非現役の資本重役であった。森は日本火工常務取締役、資本関係による非現役重役であり実務には関係しなかった。森平兵衛は関西財界の重鎮であり、安田信託、十五銀行、日本相互貯蓄の取締役を兼任したが、大阪若山鉄工所では非現役の資本重役であり実務には関係しないといわれた。[62]

表1―5は一九三六年上期末と四一年上期末の大阪若山鉄工所の大株主をみたものである。三六年上期末の公称資本金は二〇万円（全額払込済）、四一年上期末は七〇〇万円（全額払込済）であり（前掲表1―3参照）、この間に三回の増資があった。三六年上期時点では役員と株主は一致し、瀧三郎は瀧三（三八歳）

表 1-5　大阪若山鉄工所の大株主一覧

氏名	持株数	備考
若山瀧三	860	大阪若山鉄工所取締役
若山瀧三郎	760	〃　取締役社長
渡辺政夫	300	〃　取締役
下田廣一	300	〃　取締役
高木半兵衛	300	〃　取締役
堀本信一	240	〃　監査役
山川儀市郎	200	〃　監査役
谷田俊二郎	200	〃　取締役
竹村万蔵	150	
小島文治郎	150	
角鶴三	120	
前川辰次郎	100	
山川照子	100	
小計	3,780	
総計	4,000	株主数 22 名

氏名	持株数	備考
谷田俊二郎	41,270	大阪若山鉄工所取締役社長・日興産業㈱代表取締役
河路寅三	13,000	帝国製麻㈱常務取締役
若山瀧三	6,390	大阪若山鉄工所専務取締役
松井孝長	6,200	住友生命保険㈱専務取締役
戸澤芳樹	4,900	安田信託㈱代表取締役
浜口雄彦	2,500	三和信託㈱専務取締役
佐竹三吾	2,300	
白崎仁三郎	2,100	
安田一	2,000	安田生命保険㈱取締役社長
山川儀市郎	1,900	大阪若山鉄工所監査役
渡辺政夫	1,800	大阪若山鉄工所常務取締役
佐久間正秋	1,600	
清水孫四郎	1,600	清水貿易・清水商事取締役社長
伊藤實都與	1,500	
下田廣一	1,500	
服部孫兵衛	1,500	
渡辺熊鷹	1,250	若青貯蓄会代表者
寺田甚吉	1,000	大阪若山鉄工所取締役
森平兵衛	1,000	大阪若山鉄工所監査役
新居栄市	950	
樫谷儀夫	900	
高木半兵衛	900	大阪若山鉄工所取締役
前川辰治郎	850	
小竹信之	800	
國枝嘉兵衛	650	
堀本信一	640	
清滝幸次郎	600	㈱池田実業銀行取締役
高田友吉	600	㈱進和商会代表取締役
横山英一	580	
大久保嘉次郎	550	
片岡音吾	550	野村證券㈱取締役会長
高垣亮	500	
波々伯部重隆	500	
森暁	500	大阪若山鉄工所取締役
山内柳	500	
小日向栄次郎	300	大阪若山鉄工所取締役
倉橋駿一	200	大阪若山鉄工所常務取締役
小山新三郎	100	大阪若山鉄工所監査役
小計	106,480	
総計	140,000	株主数 526 名

［出所］大阪若山鉄工所『株主名簿』1936 年 5 月末日現在、および 1941 年 5 月末現在。
（注）左欄は 1936 年上期末現在、右欄は 41 年 5 月末現在。

により多くの株式を所有させていた。五年後の四一年上期末になると株式所有状況は大きく変化した。三六年上期末には二〇〇株しか所有していなかった谷田俊二郎が四万一一七〇株（持株比率二九・五パーセント）を所有する圧倒的な最大株主になっており、安田信託や安田生命関係者よりも帝国製麻の河路寅三や住友生命保険の松井孝長が上位にいた。三六年上期末時点では若山瀧三郎・瀧三父子の持株比率は四〇・五パーセントであったが、四一年上期末の瀧三の持株比率は四・六パーセントに低下した。寺田甚吉や森暁といった従来は大阪若山鉄工所の経営に関与していなかった人物が取締役に就任しており、またかつて車輪旋盤のソ連輸出で再建期の大阪若山鉄工所を大いに援けた清水貿易の清水孫四郎も大株主として登場している。所有経営者の瀧三郎が逝去すると、長男の瀧三は専務取締役の地位は維持したものの、所有者としての役割は大きく低下させたのである。

一九四〇年の入社後冒頭でみた西田治五郎のもとで治工具設計者として活動した技術者によると、アジア太平洋戦争期に二〜三年間にわたってドイツ人技師フリードリッヒ・フックスから治具設計を学んだ。「日本みたいに、大学卒業して、すぐに設計だとか、全然機械を自分で操作できないで、治具の設計はできません。それでドイツ流に仕込まれまして、四時に終わるでしょう。そうすると二時間も三時間も現場に出て実習です、治具設計者はね」[63] といった日々が続いた。

さらにフリードリッヒ・フックスの指導のもとで大阪若山鉄工所（一九四二年一二月に社名を大日本工機に変更）には作業表が導入された。「徴用工が使うために、間違いのないように、また刃物を貸し出す人にも間違いが起こらないように（中略）この部品をつくるためには、作業表というものがあって、第一工程はどこそこで、この刃物を借りてきなさい。それを持って行くと、工具さんの方が、その一〇一から一〇一のドリルを貸してくれるんです」といったものであった。また同時に「治具だとか、フィクスチャーだとか、いろいろ専用機だとか、こっちが設計していくと、いままでの組長さんの技術がフッ飛んでしまうわけですわね。要らないわけです」。治具の利用が拡がると「まずケガキが要らないですね。品物を治具のなかにポンと放り込むでしょう。そして取り付けるだけでしょう。取り付けるだけで、ドリルは伝票で何本、何々の部品は何を加工すると、それをつけてやっていく。いままでしたら、組長がいて、これドリルのここはちょっと切れないから、もっと研がなければいけないとか、自分でいろいろと（中略）それが要らないのです。何故かというと、ドリルでこうしたら、工具係が返品されたときにチェックするでしょう。ああこれは減っているから、そこで研いでくれという。集中研磨です」といった事態が静かに進行していた。「そのかわりだいぶ反発した。現場の責任者とか、現場の班長とかね。そんな人は自分の（中略）反発はあったですね。だけどもうそのときは軍の命令ですからね」というのが戦争末期の現場であった。[64]

ここには現場での熟練形成を何より大事にした瀧三郎の描いた姿とは相当に異なる工作機械の量産体制構築の動きがあった。しかしこの動きも完成することなく大日本工機は厳しい資材不足のなかで終戦を迎えることになるのである。

おわりに

一八九八年に二五歳で独立創業した若山瀧三郎は現場の人であり、営業活動も得意ではなかったが、親戚である呉海軍工廠の熟練工であった日比粲三と経理から職工の面倒まで万端引き受ける妻の支えによって日露戦後には工作機械専業メーカーとしての地歩を築いた。若山工場は利益をアメリカ製工作機械の購入に充て、充実した設備で技術的優位を獲得し、機械商との取引だけでなく直接販売によって販路を拡大した。

大きな転機は第一次世界大戦であった。アンドリュース商会経由で受注したロシア向け旋盤の大量輸出にも支えられて大戦末期に若山工場は五大メーカーに次ぐ位置に立つことができた。こうした実績を踏まえて新開地の西区南恩加島町に新工場を開設し、一九二〇年五月に株式会社若山鉄工所が設立された。社長の瀧三郎を中心に二一歳の長男が専務取締役に就任し、名古屋の機械商、友人が取締役、長男の岳父、瀧三郎の異母弟、福岡の機械商が監査役、さらに大阪の機械商と久保田権四郎が相談役であった。典型的な同族経営であったが、その周りを瀧三郎の血縁、商売上の人的ネットワークが取り囲み、同社の経営を支えた。

しかし一九二〇年代は工作機械工業にとって苦難の一〇年間であり、ワシントン海軍軍縮、日本経済の長期不況が続くなか兼営生産を行っていた大規模工場は経営の力点を工作機械以外の生産に移し、中堅の工作機械専業メーカーが相次いで廃業に追い込まれた。そうしたなかで若山鉄工所は懸命の努力を続けたものの、東三省兵工廠から飛び込んだ兵器輸出の代金回収に失敗して二八年末に倒産した。しかし瀧三郎はあきらめず、昭和恐慌期には借工場も利用しながら工作機械生産を続け、満洲事変後の陸軍造兵廠および三菱重工業からの大発注などを契機に三二年一〇月に新工場を設立し、三三年一二月に設立した合資会社大阪若山鉄工所を三四年七月に株式会社に改組した。三三年の生産実績で早くも大阪を代表する工作機械メーカーになっていた大阪若山鉄工所はその後も拡張を続け、三六年には第一次世界大戦末期のように五大メーカーに次ぐ地位を確立した。

戦時期の大阪若山鉄工所の成長は著しかった。工作機械製造事業法による許可会社の指定と信太山工場の操業開始の意義が大きかったが、一九三八年二月に逝去した瀧三郎が自社が五大メーカーに肩をならべる日本を代表する工作機械メーカーに成長する過程をみることはなかった。所有経営者瀧三郎を失った後の大阪若山鉄工所のガバナンス構造は大きく変化し、弁護士で同社の経営に取締役として参画した谷田俊二郎が持株を急速に増加させ、四一年上期末の谷田の持株比率は二九・五パーセントに及んだ。

晩年にいたるまで「工場内にありては、年中菜ツ葉服に、カンカン帽を被り、白ズック靴で、手にボロ切れ（ウエス）を携へ、折尺を帯して、工場内隈なく巡視し、鉄屑など拾つて歩かれ又機械の点検から、仕上場を見廻り故障を発見しては、直ちに修理を加ふるとか、時々機械を扱つては、工員を親切に指導して行かれた」[65]といったように現場の人であった瀧三郎にとって価値あるものは株式ではなく、輸入機械を中心とする設備機械であり、それを操作する職工であった。一九三七年四月に開校した私立大阪若山青年学校の校長に就任した瀧三郎は見習工教育にも心をくばった。

瀧三郎が没する直前、「その病床が一部工場の裏に在り、職工は『騒音が病気に障ると思へて、仕事が出来ぬから休ませて呉れ』と言ふ。事務所側からは『社長はその音を聞く方が反つて気が楽で養生出来るから、平常通りやつて呉れ』と幾ら言つても聞かず、その工場の二五人程一同は機械を止め、神社に社長の病気平癒を祈願した」[66]という。

図 1-3　第二青年学校演習工場に於ける一年生仕上科基本演習

図 1-4　第二青年学校演習工場に於ける一年生機械基本演習

注

1　片桐武一郎編『故若山瀧三郎氏追悼録』大阪若山鉄工所、一九四〇年、二六五、二七三頁。この技術者西田治五郎は一九四〇年当時信太山工作機工場機械課課長代理であり、終戦時の工場長であった（『北口時太郎氏ヒアリング記録』一九九三年六月八日）。
2　同上書、一―二頁。
3　同上書、一九八頁。
4　同上。
5　同上書、二一八頁。
6　同上書、二〇〇頁。
7　同上書、一二―一六頁。
8　河合栄治郎「本邦機械工業の概観（大正七年四月調査）」（『調査資料』第一五号、一九一八年）一五六―一五七頁。
9　勝田一「本邦工作機械製造業（大正六年八月調査）」（同上資料所収）二四―二五頁。
10　「若山鉄工所の発展」（『鉄工造船時報』第三巻第四号、一九一八年四月）五四頁、および片桐編、前掲書、二〇二頁。
11　「浣溂清新の大阪若山鉄工所」（『機械工学』第六巻第一二号、一九三八年一二月）三二頁。
12　片桐編、前掲書、一七三―一七六頁。
13　同上書、一四四頁。
14　農商務省編『工場通覧』各年版。
15　工業之日本社『日本工業要鑑』第九版、一九一八年、「工場要録」一〇二頁。
16　工業之日本社『日本工業要鑑』第一一版、一九二〇年、「工場要録」一八―一九頁。
17　平佐惟一編『農商務省主催工作機械展覧報告附録』一九二二年、三三二頁。
18　片桐編、前掲書、一七―一九、二四―二五頁、および工業之日本社、前掲『日本工業要鑑』第一一版、「工場要録」一八頁。
19　人事興信所編『人事興信録』第七版、一九二五年、さ七六頁。
20　同上書、つ三頁。
21　農商務省工務局『工業ノ概況』一九二四年、六四頁。

22 「不景気の嵐の襲はれた府下の機械工業」（『大阪毎日新聞』一九二一年八月四日、神戸大学新聞記事文庫）。
23 沢井実『マザーマシンの夢—日本工作機械工業史』名古屋大学出版会、二〇一三年、七四頁。
24 一九一九年は工業之日本社編『日本工業要鑑』第一〇版、一九一九年、二一年は平佐編、前掲書、三三一頁、二四年は大阪市役所産業部「大阪市工場一覧」（『大阪市商工時報』第五九号、一九二五年）。
25 大阪工作機械製造同業連合会「工作機械製造工業ノ保護奨励並ニ其振興策」（帝国経済会議書類三三、『工業部参考書類』一九二四年、国立公文書館所蔵）。
26 「質疑討論」（『機械学会誌』第二九巻第一〇七号、一九二六年）一五二頁。
27 若山鉄工所『営業報告書』第八回（一九二四年上期）三頁。
28 若山鉄工所『営業報告書』第九回（一九二四年下期）三頁。
29 若山鉄工所、前掲『営業報告書』第八回、三頁。
30 若山鉄工所『営業報告書』第一一回（一九二五年下期）。
31 同上、および「株主名簿」（一九二五年一一月末現在）。
32 若山鉄工所『営業報告書』第一二回（一九二六年上期）二頁。
33 若山鉄工所『営業報告書』第一三回（一九二六年下期）九—一〇頁。
34 若山鉄工所『営業報告書』第一六回（一九二八年上期）二頁。
35 一九二〇年代の東三省兵工廠については、名古屋貢「満洲における兵工廠とその系譜—東三省兵工廠と株式会社奉天造兵所」（新潟大学『現代社会文化研究』第四〇号、二〇〇七年一一月）、および同「東三省兵工廠から奉天造兵所までの変遷」（『銃砲史研究』第三七三号、二〇一二年七月）参照。
36 片桐編、前掲書、二五—二六頁。
37 前掲「澆溂清新の大阪若山鉄工所」三〇頁。
38 片桐編、前掲書、二一六—二一七頁。
39 大阪湯本鉄工所『経歴書』一九四一年。
40 「株式会社大阪若山鉄工所」（中外産業調査会編『人的事業大系　製作工業（下）』一九四〇年、二一五頁。

41 前掲「浣濑清新の大阪若山鉄工所」三〇頁。
42 片桐編、前掲書、二七九、二八七頁、および中外産業調査会編、前掲書、二五頁。
43 片桐編、前掲書、二二九頁。
44 中外産業調査会編、前掲書、二六頁、および新日本工機社史編纂委員会編『無人化へのあくなき挑戦　新日本工機五十年史』二〇〇〇年、二八頁。
45 「工作機械類の投機化再び熾烈となる」（『大阪時事新報』一九三三年二月一九日、神戸大学新聞記事文庫）。
46 新日本工機社史編纂委員会編、前掲書、二八頁。
47 片桐編、前掲書、一八四、二二九―二三二頁。
48 資源局「金属工作機械主要工場参考事項一覧表」一九三六年（アジア歴史資料センター、Ref. C12122247200）。
49 「工作機械工業界の惑星　大阪若山鉄工所の事業と人物」（『実業の世界』第三五巻第一一号、一九三八年一〇月）一三二―一三三頁。
50 片桐編、前掲書、二一一、二二三、二四四、二八〇頁。北満鉄路買収代金の三分の二が現物支払いとなったため、ソ連政府は大量の物資を日本から購入した。
51 新日本工機社史編纂委員会編、前掲書、二八頁。
52 大阪府経済部工務課編『大阪府工業年報　昭和十二年』一九三七年、八頁。
53 片桐編、前掲書、二九五―二九六、三〇三頁、および中外産業調査会編、前掲書、一三二頁。
54 中外産業調査会編、前掲書、二六頁。
55 大阪若山鉄工所『決算報告書』第八回（一九三八年上期）、八頁。
56 片桐編、前掲書、一一九―一二四頁、および中外産業調査会編、前掲書、二九―三〇頁。
57 中外産業調査会編、同上書、二九頁。
58 「拡張強行の大阪若山鉄工所」（『東洋経済新報』（一九三九年二月四日号）一三九頁。
59 大阪プレス製作所社長。非現役で実務には関係しないといわれた（中外産業調査会編、前掲書、三一頁）。
60 大阪若山鉄工所『営業報告書』第一一期（一九三九年下期）三、七頁。
61 大阪若山鉄工所『営業報告書』第一二期（一九四〇年上期）八頁、同、第一三期（一九四〇年下期）八頁。

62 中外産業調査会編、前掲書、三〇―三一頁。

63 前掲『北口時太郎氏ヒアリング記録』。

64 同上。

65 片桐編、前掲書、四九―五〇頁。

66 前掲「溌溂清新の大阪若山鉄工所」三一頁。

第二章

溝口良吉と溝口歯車工場

はじめに

溝口歯車工場は多くの機械工場が長期不況に苦しんだ一九二〇年代にも成長を続け、一九三〇年代半ばにおいては日本最大規模の歯切工場、歯車工場であった。工場主の溝口良吉は大阪堂島生まれの生粋の大阪人であり、徒弟修業を経て一九一〇年に独立した溝口は独力で歯切工場の基礎を固めていった。「金がたまっても元来持っているのがきらいでしたからすぐに機械を買っていました。というのも持っていると人が貸せという。気の毒なと思って貸すと少しも返さない。こんなことをしていては私はなんのために働いているんやと思うようになり、当時銀行に預けてあった金まで引き出して機械を買ったものでした」というのが溝口流の設備投資であった。「私は見積りが何よりきらいでした。字も下手でしたし、書く機会がなかったものですからあまり帳面などつけた記憶がありません。（中略）私は歯車屋で見積り屋とちがう。もし溝口に仕事をやらせようと思うのなら見積りとらずにさせてくれ、高かったらあんたとこから値をいいなはれ」というのが溝口流の商売のやり方だった。[1]

一九三五年三月一六日に伏見宮海軍軍令部総長が溝口歯車工場を訪問した。当日は溝口良吉社長以下、正田卯吉技師長、長尾晃三営業部長、永田敬一会計部長らの幹部職員が出迎え、伏見宮は柴田安之助顧問の先導で工場を巡回し、溝口の説明を聞いた。[2]

図 2-1　溝口良吉の近影（以降、写真はすべてダイヤモンド社編『産業フロンティア物語 錨鎖・歯車〈大阪製鎖造機〉』1969 年、国立国会図書館デジタルコレクションからの転載）

一九三〇年代から戦時期にかけて溝口歯車工場は日本有数の歯車工場として注目されただけでなく、工場主の溝口良吉も徒手空拳の〝生産人〟として脚光を浴びた。[3] 本章では溝口歯車工場の経営発展のプロセスと溝口良吉の経営哲学・方針について検討する。

一　創業から第一次世界大戦期まで

溝口良吉は一八八二年一二月二八日に大阪市北区堂島北町に兄弟五人の三男として生まれた。子供の頃南安治川に叔母がいてその途中に町工場があり金属加工に興味を持った。実家は呉服屋兼骨董屋であったが、客の一人である長尾鉄工所の主人の世話で一三歳のとき北安治川の永田製機所に弟子に入った。当時の大阪の商人は子供が一三歳になれば一人前として皆小僧に出した。良吉の兄弟も皆一三歳で小僧に出された。[4]

溝口良吉は永田製機所で五年の年季と一年のお礼奉公を終えた後一九歳で旋盤師として大阪鉄工所に入った。そこで一年半ほど勤務した後、永田製機所が朝鮮郵船から六〇トンの船を請け負ったためその手伝いで永田製機所に戻り、二一歳でふたたび大阪鉄工所に戻ったが、そのときの給料は七八銭であった。一年後には久松鉄工所（後の安治川鉄工所）に移り、久松の弟の娘と二六歳で結婚した。久松鉄工所に呉の吉浦造船から大砲の旋回装置の歯車の注文が入った。当時歯切盤もなければフライス盤もなく、ミリングカッターもなかったため自分で作り、板ゲージをつくってそれでケガキをして何とか仕上げた。これが溝口がつくった

図 2-2　溝口歯車歯切工場

最初の歯車であった。これを契機に注文が次々に入ったがその都度旋盤で歯車をつくった。[5]

その後呉海軍工廠から久松鉄工所に歯車切りの注文が次々と入ったが、「その頃一番困ったことは、ローハイドの注文がきたときです。『皮の歯車じゃないか、こんなものがカッタで切れるだろうか』困ったすえ一、二軒引合って見ましたが、はっきりしません。結局その頃国友鉄工所が歯切りをしていましたので（中略）国友鉄工所へ持って行ったところ引受けてくれました。仕事の順序を聞いたところ、これは真鍮は真鍮で、皮は皮で別々に切るとのことでした。値段も六Pの歯車で六五銭か七〇銭だったと思います。エラク高いものだと驚いたものです」[6]といったように難しい仕事については先輩業者に教えを乞い、溝口は仕事の幅を拡げていった。

一九一〇年一月に二九歳のとき溝口は歯切専門業者として独立するが、当初は弟弟子の中村某が職長をしていた森鉄工所の一隅を借りて作業を開始し、その後兄が見つけてくれた北区西野田十六町の工場に二〇〇円で旋盤とフライス盤を据え付け、後にブラウンシャープ社製の〇番フライス盤を一台設置し、これにより歯車工場としての基礎を築いた。独立後最初の歯切作業は「カッターは旋盤を使って、借りてきた見本の歯車に合わせてつくり、溝はミーリングで切り、二番を落とすのはいささか困りましたが、姿バイト（総形バイト—引用者注）をつくり、自分でバックギヤをかけ、段車を片方の手で回わし、片方の手で二番を落としてつくりました」といった状況であった。[7]

溝口は池田辰衛『実地工作術』（信友堂、一九〇七年刊行）からも多くのことを学んだ。大阪瓦斯からガス機関に使う螺子歯車の注文を受けたが、製作経験がなかった。そのときに『実地工作術』を思い出し、[8]「それにミーリングのことが書いてありました。それを見てごてごてやつて、これもこれと合うネジだによつてこのネジが一まわりまわつたら何百何十インチになる。それによつてその度をかけたらいいというので、それで切つたわけだ。（中略）あの本にブラウン・シャープの歯型を書く方法が書いてあります。それによつて歯型を書いて、それでゲージをこしらえて、カッタをこしらえたわけです」[9]といったように歯切の新しい注文をこなすために溝口は努力を惜しまなかった。

その後「ホーン商会に行きアメリカのブラウンシャープから毎月二、三〇〇円程度のカッターを買いました。この時の種々のカッターが後になって非常に役に立ちました。そうこうして四年ほど一人で走り廻ったものです。朝から仕事にかかり出来たものをその晩自転車でおさめ、帰りに翌日の仕事をもらってくるという日の繰り返しです。それでも月に売り上げが二〇〇円程ありました。その時分の給料は私の職長時代で日給一円五〇銭でしたから最初にしてはよかったものです」、その後四、五年経ってドイツ製ホブ盤では「一つのカッターで何枚もの歯が切れるということで、『そんな

図 2-3　創業当時の溝口良吉

馬鹿なことがあるものか、一つ一つ恰好のちがう歯を一枚のカッターで切るなんて、なんかの間違いやろ』といって笑ったこともあ」った。その後ホブ盤を実見した溝口はその機能に納得し、一九一五、一六年頃に国友鉄工所製ホブ盤を購入した。[10]

第一次世界大戦期に溝口は大阪ではじめてスパイラル・ベベルを切った。きっかけは「電燈会社が私のお得意だつたわけです。そこから一ぺん呼びに来まして見に行つたわけです。そしたらビックのスパイラル・ベベルが動かなくなつてしまつて、これを溝口さんこしらえてくれというわけだ」といった大阪電燈からの依頼だった。格闘の末に納品すると「調子がいい、これやつたら舶来の通りやというわけだ。（中略）溝口さん何ぼやというような話でそれからいよいよ値段だ。（中略）それでとりつけに五〇円かかっているし、こうこうで三〇〇円くれというたらそれでいいかというような話だ」った。次に柳瀬商会から自動車の歯車の注文がくるようになった。「一〇台くらいは宵の内で何一〇台かつくれるようになつた。それでこれはぼろいな、と思つたことがございました。それがしまいにはだんだん上手になつて来て、段取りがきまつて来たからよけいぼろい」といった状態を迎えた。[11]

溝口は「もうけた金は他へ使わず、つぎつぎと現金で機械を買うのにあて」[12]た。第一次世界大戦中の一九一七年四月に北区西野田平松町に第二工場を増設した。[13]一九二〇年にはじめてホブ盤を購入し、グリーソンのベベル盤も大阪では汽車製造に次いで購入した。[14]

一方一九一四年に大阪府立西野田職工学校にシュッカルト・シュッテの歯切盤が導入された。北条歯切工場の北条万次郎、浅野歯車工作所の浅野清浩、前川歯切工場の前川義二、前川鉄工所の前川暹、大阪歯車工作所の中井春次など同校は多数の歯車技術者を輩出した。北条万次郎によると一九年の開業当時は「私の仕事の最初は溝口良吉さんの所にある古いミーリングをスケッチして木型をつくり、弟と二人で資本金五〇〇円で母校の西野田職工学校（現在の西野田工業高等学校）の仕上工場をかりてミーリングを一台作りました。機械は作ったもののインデックスがない。また溝口さんに頼んでブラウンシャープ製のインデックスを五〇〇円で、それも月賦でわけてもらい、カッタを借してもらい、仕事を下請さしてもらった。毎日でき上った仕事と借りたカッタを持って溝口さんの工場へ、また、つぎの仕事をもらうと云う毎日でした。それが私の最初の仕事でした」[15]といった状況であった。

また前川義二も「大正八年頃溝口良吉さんが若山鉄工所へスロッタを注文された。偶々溝口さんにお目にかゝり、いろいろと教をうけました。歯切屋さんがスロッタを何に使うのか溝口さんに尋ねると、歯を切りますとの返事です。スロッタでも歯が切れるのだろうか、大いに疑問を持ちました。その後溝口さんの工場に伺ったところ、ちょうど若山鉄工所製二〇吋スロッタでミッションの四段ギヤを切っていました。また、インターナルギヤを切っておるというような状態です。大いに刺激されました。私の独立に大きな励みとなったことは事実です」[16]とのべている。第一次世界大戦期における規模はまだ小さいとはいえ、溝口工場の存在は歯切業という新しい分野に出て行こうとする後進の業者にとって目標であり、歯切業界を成立させるふ卵器の役割を果したのである。

二　設備機械の充実―一九二〇年代―

第一次世界大戦が終了すると歯車についても輸入品が入ってくるようになった。「溝口さん偉そうなこと言うているが、外国のものが入つて来たらしようがないからまけろまけろ言われて、とうとう三〇〇円を二五〇円にし、二〇〇円にし、一五〇円まで来ました。それでだめなら舶来を買う。（中略）一五〇円まで来たけれども、それ以下やつたら今度はこつちがもうかりません」[17]といったなかで溝口は歯切の価格低下に直面することになった。

一九二一年の溝口工場は資本一〇万円、年平均生産額六万円、職工は一〇名、設備機械は歯切盤四台、竪削盤一台、ボール盤一台、フライス盤四台（No.1・一台、No.2・三台）、旋盤一台、研磨盤一台であった。[18]一九二六年末の溝口工場の職工数は一〇～一九人層に増加した。[19]

一九二五年の溝口歯切工場は資本二四万円となり、[20]同年の設備機械は表2―1の通りであった。総計二八台のうち歯車工作機械はギヤシェーパー（フェロース製）、ベベルギヤプレーナー（ジンメルマン製）、ベベルギヤゼネレーター（グリーソン製）、オートマチック・ラック・カッティングマシン（ライネッカー製）、オートマチック・ウォーム・フライス盤（ライネッカー製）、スパギヤゼネレーター（ミュワー製）、ホブ盤（唐津鉄工所製一台、園池製作所製二台、国友鉄工所製二台）合計一一台であった。その他の工作機械一七台のなかで国産機は大阪の若山鉄工所の竪削盤一台、安田鉄工所の万能研磨盤一台、井上鉄工所の普通旋盤一台、名古屋の大隈鉄工所の普通旋盤一台、園池製作所の二番取旋盤一台の合計五台のみであり、その他はすべて

表 2-1　溝口歯切工場の設備機械（1925 年）

機種	メーカー名	台数
36" フエロー、ギヤー、セーパー	フエロース（米）	1
45" ベベル、ギヤー、プレーナー	ジンメルマン（独）	1
18" ベベル、ギヤー、ゼネレーター	グリーソン（米）	1
33" オートマチツク、ラツク、カツチング、マシン	ライネツケル（独）	1
オートマチツク、ウオーム、ミーリングマシン	ライネツケル（独）	1
スパー、ギヤーゼネレーター	ミユワー（英）	1
120" ギヤーホツビングマシン	唐津鉄工所	1
60" ギヤーホツビングマシン	園池製作所	2
30" ギヤーホツビングマシン	国友鉄工所	2
ユニバーサルミーリングマシン　No.3	ガービン（米）	1
ユニバーサルミーリングマシン　No.2	ブラウン、シヤープ（米）	1
ユニバーサルミーリングマシン	ミルウオーキー	2
ユニバーサルミーリングマシン	シンシナーチ（米）	1
バアチカル、ミーリングマシン	ガービン（米）	1
プレーン、ミーリング No.1	ブラウン、シヤープ（米）	1
スローチングマシン	若山鉄工所	1
ユニバーサル、グライデイングマシン No.3	安田鉄工所	1
ユニバーサル、グライデイングマシン No.3	オエン、ストリン（米）	1
ツールグラインダー	クラウデー（独）	1
デリービング、レース 6 呎	プラツトホイツトニー（米）	1
デリービング、レース 6 呎	園池製作所	1
エンジン、レース 12 呎	大隈鉄工所	1
エンジン、レース 8 呎	井上鉄工所	1
オールギヤー、ドリーリングマシン	バンス（米）	1
ドリーリングマシン	ウイルヘルム（独）	1
合計		28

［出所］工業之日本社編『日本工業要鑑』第 16 版、1925 年、「工場要録」116 頁。

アメリカ・ドイツ製工作機械であった。従業者数一〇名台の小規模工場である溝口歯切工場は二〇年代半ばになるとすでに一流外国製工作機械を揃えた工場として有名になっていた。

溝口歯切工場には歯車業者にとって垂涎の的であるグリーソン、フェローズ・ギヤシェーパー、ライネッカーなど米独一流メーカーの歯車工作機械が多数設備されていた。例えば「最近米国フエロース、ギヤ、シエーパー会社の製作する高速度ギヤー、シエーパーは歯切法に一大革新を齎したもので一定寸法の歯車を多数切る工場には非常な生産力を與へ其生産的なるが為め歯切の正確を失する虞れは毫も無いのである（中略）工作物は一度取付けたるのみにて荒切及仕上切が完了せられカッターも終始同一である。故に他式に散見する如き第二次仕上作業を全く省略するのである」[21]と指摘され、その高性能が注目されていた。

一九二七年になると溝口歯切工場の設備機械台数は四〇台に増え、「切リ得ル最大歯車直径八〇吋幅二五吋ピッチニ於テ制限ナシ　ベビルギヤーニテハ直径四六吋幅一〇吋ピッチＤＰ［ダイヤメトラルピッチ、インチ単位の歯の大きさを表す―引用者注］１Ｐマデ　内側歯車ハ直径一八〇吋マデ　ウオーム、ホキール及スパイラル、ギヤーハ直径八〇吋　ダブル、ヘリカル、ギヤーハ直径一二〇吋幅二五吋ニシテ二枚合セナレバ角度ピッチニ制限ナシ（中略）其他ウオーム、ホキール用特殊ノホッブ類多数持合セアリ」と多方面からの歯切需要に応じることができることを謳った。[22]

一九二八年の溝口歯切工場は資本五〇万円、職工数二五名、設備機械台数四三台に増加しており、設備機械のうち歯切盤関係は一七台（ギヤホッビング六台、ベベルギヤプレーナー一台、ゼネレーター一台、ベベルギヤゼネレーター二台、スパイラル一台、ダブルヘリカルギヤゼネレーター一台、スパーギヤゼネレーター一台、ギヤセーパー一台、ラックカチング一台、ウォームミーリング一台、オートマチックギヤカチング一台）を占めた。[23]二九年に開催された世界動力会議東京部会に出席したアメリカンマシニスト誌主筆が溝口歯切工場（此花区平松町）を参観して「よくもこんな狭い場所にこれだけの機械を設備してこれだけの能率を挙げたものだ」と感嘆するような工場であった。[24]

機械工業にとって厳しい時期が続いた一九二〇年代にあっても溝口歯切工場は難しい仕事をこなしつつ着実に成長を続けた。一九三〇年七月に刊行された『MIZONOKUCHI歯車に就て』（合計六六頁）は第四版改訂増補版であり、溝口歯車歯切工場[25]ではこうしたパンフレットを早くから発行して自社製品、設備機械の優秀さを宣伝していた。また上のパンフレットでは「溝 登録商標」として「従来他工場で加工されたギヤーが稍やもすると弊所製の如く装ふものがあり、為めに弊所は少なからむ迷惑を感ずることがあります、依て今後は弊所の製品、加工品を問はず御希望に依り上記登録商標の刻印を打込むことに致しました。従つて上記刻印あるものに対しては絶対責任を持ちます」と謳った。[26]

三　日本一の歯車工場へ―一九三〇年代―

一九三〇年一月に西淀川区佃町に下福島の工場と平松町の工場を合併移転した。新工場の敷地は四二〇坪、工場建坪は二三〇坪であった。「英米独其の他世界に於ける粋を蒐めた五十余台の歯切機械と民間唯一といはれる歯車試験機とが整然と列ばされて[27]」いる工場であった。表2―2は新工場の三〇年時点の設備内容をみたものである。ホブ盤九台、ベベルギヤ（傘歯車）ゼネレーター九台、ダブルヘリカルギヤゼネレーターをはじめとする歯車機械七台をはじめとして総計五四台の設備工作機械はいずれも国内外の一流品であり、そのうち国産機は一三台にすぎず、その一三台も国内一流メーカー製ばかりであった。とくにベベルギ

表 2-2　溝口歯車工場の設備機械器具（1930 年）

（台）

機種	メーカー名	台数
ギヤーホツビング　マシン	唐津鉄工所	3
	シツカルトシツテ（独）	2
	ヘルマンプーター［ファウター］（独）	3
	ローレンツ（独）	1
小計		9
ベベル　ギヤ　ゼネレーター	グリーソン（米）	4
	ヂンメルマン（独）	1
	ライネツケル（独）	2
	ハイデンリツヒ	1
	クリンゲンバーグ（独）	1
小計		9
ダブルへリカルギヤ　ゼネレーター	パワープランド（英）	1
スパー　ギヤ　ゼネレーター	ミユアー（英）	1
ウオーム　ミーリング	ライネツケル（独）	1
ラツク　カツチング	ライネツケル（独）	1
ギヤ　ゼネレーター	フエロース（米）	2
オートマチツク　ギヤ　カツチング　マシン	フレザー（米）	1
小計		7
フライス盤（ユニバーサル　No.3）	ガービン（米）	1
フライス盤（ミルウオーキー　ユニバーサル　No.2）	カーネ　エンド　トレツカー（米）	2
フライス盤（ユニバーサル　No.2）	ブラウンシャープ（米）	1
フライス盤（ユニバーサル　No.2）	園池製作所	1
フライス盤（ブラウンシャープ型　プレン型　No. 11/2）	大隈鉄工所	1
フライス盤（ハンドミーリング）	ユニオンマシン（米）	2
フライス盤（ユニバーサル　No.1）	ブラウンシャープ（米）	1
小計		9
オートマチツク　ウオーム　グラインダー	ダビツト　ブラウン（英）	1
自動ホツブ　グラインダー	ヘルマンプーター［ファウター］（独）	1
No.3 ユニバーサル　グラインダー	オエスタリン（米）	1
カツター　グラインダー	ブラウンシャープ（米）	1
グラインダー	フイルド（米）	1
小計		5
旋盤　17 呎、8 呎	池貝鉄工所	2
〃　16 呎	唐津鉄工所	1
〃　12 呎	大隈鉄工所	1
〃　8 呎	園池製作所	1
〃　8 呎	新潟鉄工所	1
〃　10 呎	ロツヂ　シツプレー	1
〃　10 呎	ウオルコツト	1
小計		8
ユニバーサル　ボーリング	ヂンメルマン（独）	1
スロツター（ストローク 12 吋）	池貝鉄工所	1
スロツター（ストローク 10 吋）	バトラー（英）	1
プレーナー	ウイツトカム（米）	1
ドリル　20 吋	コロナ（英）	1
ドリル　15 吋	ウイルヘルム（独）	1
セーパー	大隈鉄工所	1
総計		54
歯車試験設備		
ギヤランニングテスター	グリーソン（米）	1
特許ユニバーサル　ギヤランニングテスター	岡本専用工作機械製作所	1
歯型顕微鏡検査機	カールツアイス（独）	1
ユニバーサル　ギヤ　テスター	溝口歯車工場	1
顕微鏡応用角度検査機	カールツアイス（独）	1
顕微鏡応用ツース　バニヤー	カールツアイス（独）	1
ショア硬度計		

［出所］藤木元雄編『MIZOGUCHI 歯車に就て』溝口良吉、1930 年、4-7 頁。

ヤゼネレーターは二五年にはジンメルマン社製一台、グリーソン社製一台合計二台であったのが、三〇年にはグリーソン社製四台、ライネッカー社製二台を含めて九台に増加しており（前掲表2―1、前掲表2―2参照）、二〇年代後半における設備増強を物語っていた。またホブ盤についても二五年と三〇年を比較すると、園池製作所製と国友鉄工所製の国産機に代わってヘルマンファウター社製、唐津鉄工所製ホブ盤が増強されていた（前掲表2―1、前掲表2―2参照）。さらに歯車試験機について「弊所は最近独逸国カールツアヰス会社製歯車検査微測機を設備して、より良き歯車の製作を致します。尚ほ弊所は我国産業界の為めに無料にて廣く本機の御使用を開放して諸彦と共に優良国産の完成に努めたいと思ひます」として歯車試験機の部外利用を認めていた。また先のパンフレットの「序文」において溝口良吉は「今般新設工場の完成と同時に益々世界的に優良なる歯切機械の設備と熟練せる技術とに相俟つて聊か自信ある歯車製作を完成するに至りました。（中略）終にのぞみ技術家諸賢の工場視察を歓迎いたします」としていた。[28]

設備機械のうち最近導入されたイギリスのパワーブランド社製ダブルヘリカルギヤゼネレーターは、「在来の如く、二枚合せ歯車ではなく、我国では其工作が殆んど不可能とせられたる一つの材料よりケズリ出されたダブルヘリカルギヤーを製作せんが為め」のものであった。同様に最近導入されたドイツのシュッカルト・シュッテ社製ウォームホイールゼネレーターによって従来は困難とされていた「三口捻」「四口捻」の作業が可能となり、ドイツのライネッカー社製ウォームミーリングマシンを使用することでウォームギヤの歯切加工がより完全なものとなった。また「スパイラル　ベベル　ギヤーは連続的にピッチ　ラインが噛合い且つ多くの歯数が噛合ひますから歯に與へらる、急激のショックに堪え又ハイスピードに於ても音響なく且つ振動も起らず円滑に運転」できたが、そのスパイラルベベルギヤ生産のためにアメリカのグリーン社製機械が導入されていた。さらに岡本専用工作機械製作所製万能歯車試験機は「岡本氏永年池貝鉄工所に在勤中舶来品各種試験機の粋を集めて考案せられしものにして池貝鉄工所にて製作し、最近海軍各工廠に納入せられしものと同一品であ」り、「国産品奨励の為め本機を使用して単に試験及摺合せの依頼にも応じます」としていた。[29]

溝口家五人兄弟の三男として生まれた溝口良吉を中心に、溝口歯車工場では「四人の兄弟が、或は最も忠実な事務員、或は職工として営々として働いてゐ」た。[30] 一九三一年末の職工数は三〇～四九人層に増加した。[31] 三三年一月に隣接して仕上工場、同年四月に研削工場、旋盤工場を増設、ゲージ製作専門作業場を新設した。同年は「溝口歯車工場では歯車歯切と溝口式歯車減速機の注文愈よ殺到し拡張に次ぐに拡張をもつてしたるもなほ及ばず、こゝに愈々第二期的大拡張を断行するの已むなきに至り」といった状況であり、「本年中に増設したる機械のみでも十呎ターニング、二十吋スロッター、バーチカルミーリング、ユニバーサルミーリング、ベベルギヤーセーパー、二十二呎エンジンレース、コルプ六呎ラヂヤルドリル、リーズプラットナー、スパーギヤーグラインダー、ノルトン七十二吋グラインダー等々あり」であった。[32]

続いて一九三三年一一月に焼入工場を増設、さらに三四年一月に旋盤工場を増設し、同年七月に日本最大の大型歯切機械専用工場を建設した。[33] 三四年一月に個人経営を合名会社組織に改組し、資本金を六〇万円とした。六〇万円の出資内訳は溝口良吉四五万円、溝口準一郎（良吉長男、一八年生まれ）[34] 五万円、溝口謙二二万円、溝口虎之助二万円、溝口英三郎二万円、溝口庄治郎二万円、人見熊蔵二万円であった。同年一一月に資本金を一六〇万円に増資するが、増資資金一〇〇万円は全額良吉が出資した。同年の溝口歯車工場の職員は六三名、職工は二四六名であった。[35] 三三、三四年の設備投資資金五〇万円は安田銀行から借り入れたが、その効果は大きかった。「いよいよ金もうけ出したのが昭和九年の一一月幾日かからでした。ところがもうかってもうかってしようがないのです、（笑声）もう初めての月に何万円という銭が残ってしまう状態となり、「しまいに向うから、何ぼでも使うてくれというようなぐあいで、今のサンダー・ランドとかいろいろな機械を皆買」い進めたのである。[36]

表 2-3　溝口歯車工場の設備機械器具（1936 年 11 月）

（台）

工場別	機種別	台数
第一歯車工場（213 坪）	ベベルギヤーゼネレーター	14
	スパイラルベベルギヤーゼネレーター	4
	ホツビングマシン	18
	ギヤーセーパー	3
	ギヤーランニングテスター	5
	ミーリングマシン	14
第二歯車工場（161 坪）	ダブルヘリカルギヤーゼネレーター	2
	大型ホツビングマシン	4
	フエースレース	2
旋盤工場（162 坪）	ターニングレース	2
	フエースレース	2
	スロツター	5
	レース	22
	セーパー	2
第一仕上工場（97 坪）	レース	8
	キーシーター	1
	油道加工機	1
	ラヂアルドリル	1
第二仕上工場（115 坪）	ラヂアルドリリングマシン	2
	プレーナー	3
	ボーリングマシン	3
	レース	9
焼入工場（40 坪）	重油炉	7
	電気炉	2
研削工場（92 坪）	ギヤーグラインダー	4
	ウオームギヤーグラインダー	1
	ホツブカツターグラインダー	7
	ユニバーサルグラインダー	2
	インターナルグラインダー	2
	サーフエースグラインダー	2
	プレーングラインダー	2
	レース	5
	リリービングレース	2
材料試験室（6 坪）	材料試験機	1
	シヤルピー衝撃試験機	1
	硬度計	3
	テンソメーター材料試験機	1
	ライトメトログラフイマイクロスコープ	1
検査室	マイクロメーター　検査用	15 個
	ヨハンソンゲージブロック	2 組
	リミツトゲージ	123 個
	模範	229 個
	インサイドマイクロメーター	2 組
	マイクロメーター　工作用	42 個
	ピツチゲージ	160 個
	測定器具	10 個

［出所］溝口歯車工場『経営明細書』1936 年 11 月（アジア歴史資料センター、Ref. C05035292800）。

表 2-4（1） 機種別メーカー別設備機械台数（1936 年）

（台）

機種別	製作会社別	台数
ギヤ ホビングマシン	シースデフリース（独）	1
	ライネツカー（独）	2
	ヘルマンプーター（独）	5
	ナイルス（独）	1
	レコード（独）	2
	ジヨンホルロイド（英）	1
	ローレンツ（独）	1
	バーバーコールマン	1
	唐津鉄工所	2
	園池製作所	2
	国産小型	4
	合計	22
ベベルギヤ ゼネレーター	グリーソン（米）	7
	オリコン（瑞西）	3
	チンメルマン（独）	1
	ライネツカー（独）	4
	ハイデンライヒ・ハーベツク（独）	1
	クリンゲンバーグ（独）	1
	合計	17
特殊歯切専用機	パワープラント（英）	2
	ミユワー（英）	1
	ライネツカー（独）	3
	フエロース（米）	3
	フレザー（米）	1
	岡本専用工作機械製作所	1
	合計	11
フライス盤	ガービン（米）	1
	カーネイアンドトレツカー（米）	2
	ブラウンシャープ（米）	3
	ワンダラー（独）	1
	グリーンウツド　バツトレー（英）	1
	大隈鉄工所	4
	国産	1
	合計	13

機種別	製作会社別	台数
研削機	ダビツドブラウン（英）	1
	マーグ（瑞西）	1
	リーズブラツドナー（米）	1
	ノルトン（米）	1
	ランヂス（米）	1
	フオーチユーナー（独）	1
	ヒールド（米）	1
	ヘルマンプーター（独）	1
	オエスタリン（米）	1
	ブラウンシャープ（米）	2
	ヘルト（米）	1
	岡本専用工作機械製作所	1
	東京瓦斯電気工業	1
	若山鉄工所	1
	国産	1
	自社製	2
	合計	18
旋盤	アルフレツドシユツテ（独）	1
	デイーンスミス（英）	1
	ロツヂシツプレー（米）	2
	ウオルコツト（米）	1
	グリーブスフリスマン（米）	1
	ランラーモン（米）	1
	サウスベンド（米）	1
	リードプレンシヤル（米）	2
	プラツト（米）	1
	ハーバート（米）	1
	バードンス（米）	1
	イーレ（独）	1
	レーベ（独）	1
	ダブリユーブレウク（独）	1
	ゼースリー（英）	1
	ナイルスビメント（米）	1
	清水鉄工所	1
	唐津鉄工所	2
	池貝鉄工所	3
	大隈鉄工所	2
	新潟鉄工所	1
	国産	32
	自社製	2
	合計	61

表 2-4（2） 機種別メーカー別設備機械台数（1936 年）

（台）

機種別	製作会社別	台数
中ぐり盤	ヂンメルマン（独）	1
	ランヂス（米）	1
	シヤーマン（独）	1
	合計	3
竪削盤	バトラー（英）	1
	ミユワー（英）	1
	アルフレツドシユツテ（独）	1
	池貝鉄工所	2
	昌運工作所	1
	合計	6
平削盤	ビレツター（独）	1
	ウイツトカム（米）	1
	ミユワー（英）	1
	大阪機械製作所	1
	国産	1
	合計	5
ボール盤	ラボマ（独）	1
	コルム（独）	1
	ウイルヘルムアイゼンヒユーア（独）	1
	ポラード（英）	1
	シンシナチビツクフオード	1
	その他小型	3
	合計	8
形削盤	篠原製作所	1
	大隈鉄工所	2
	日比鉄工所	1
	合計	4
ソーイングマシン	ハーバート（英）	2
歯車検査設備		
歯車中心距離測定機	マーグ（瑞西）	1 台
ピツチ測定機	マーグ（瑞西）	1 組
メジヤリングマシン	プラツトホイツトニー（米）	1 台
ベベルギヤーランニングテスター	グリーソン（米）	1 台
インボリユート歯型試験機	カールマー（独）	1 台
ピツチ及歯厚測定器	カールマー（独）	1 台
最新万能歯車検査機	カールツアイス（独）	1 台
顕微鏡用ホツブ測定機	カールツアイス（独）	1 台
顕微鏡用歯検査機	カールツアイス（独）	1 台
顕微鏡応用角度検査機	カールツアイス（独）	1 台
顕微鏡応用ツースバニヤー	カールツアイス（独）	2 個
ギヤーツースコンパレーター	パワープラント（英）	2 組
テンソメーター材料試験機	バーミンガムツールアンドゲージ（英）	1 台
ロツクウエル型硬度計	アルフア（瑞西）	1 台
シヨア硬度計	シヨアー（米）	1 台
ユニバーサルギヤーランニングテスター	岡本専用工作機械製作所	1 台
ユニバーサルギヤーランニングテスター（小型）	岡本専用工作機械製作所	1 台
アムスラ型万能材料試験機（50 トン）	東京衡機製造所	1 台
ロツクウエル型硬度計	明石製作所	1 台
ユニバーサルギヤーテスター	自社製	1 台

［出所］（名）溝口歯車工場『工場大要』1936 年（アジア歴史資料センター、Ref. C05035292800）。

表2―3は一九三六年一一月時点の溝口歯車工場の設備機械をみたものであり、表2―4（1）・（2）はその設備機械のメーカー別内訳を示したものである。三〇年時点での設備機械総数は五四台であったが、三六年には一七〇台に増加していた。ホブ盤をはじめとする歯車工作機械（グラインダーを除く）は三〇年の二五台が三六年には五〇台と倍増した。三六年のホブ盤二二台の内訳はシースデフリース社製一台、ライネッカー社製二台、ヘルマンファウター社製五台など外国製一四台、国産は唐津鉄工所製二台、園池製作所製二台など合計八台であった。ベベルギヤゼネレーター一七台はすべて外国製であり、うち七台がグリーソン社製といった豪華さであり、歯車工場として日本最高水準の内容を誇っていた。この圧倒的な設備内容が溝口歯車工場の最大の特長であるといえよう。三四年に購入されたシースデフリース社製の超大型ホブ盤は日本最大のものであり、直径六メートルの歯車を切ることができ、価格は三五万円であった。この機械を購入するために安田信託から五〇万円を借り入れたが、この機械を使って戦艦「大和」「武蔵」の大型ウォームホイールの歯切りが行われた。[37]

溝口歯車工場では「八幡製鉄の五米もの大きな歯車を切ったことがあります。これはあの大きなシースが来てからのことで、見積りにドイツのクルップと川崎、三菱、それにうちの四件で入札しました。中でもうちが最も値が高かったのですが国産奨励でクルップと同じ値段にまけるならやろうといってもらったものです。材料が日本で出来なかったものですから、チェコスロヴァキアのスコダイ《ママ》へ依頼し歯を切りました。出来上がったところ、今まで大きな音がして話も出来なかった八幡の工場で話が出来るほど静かになり、おほめの言葉をちょうだいしたものでした[38]」といった製作経験を積んでいった。

一九三五年度の溝口歯車工場の主要製作品は、ダブルヘリカルギヤ、ベベルギヤ、ライネッカー式スパイラルベベルギヤといった大型歯車だけでなく、歯車減速装置、歯切工作機械（ベベルギヤゼネレーターなど）などに及んだ。[39]個人的見解とことわりながら溝口は三三年に「ベベルギヤー、ゼネレターは先づ能率の点では米国グリーソン会社製の如きは確かに好能率である。然し精度と云ふ点では独逸のライネツカーが優秀である。故に当方では精度を目的とするものはなるべくライネツカーで切る様にしてゐる。然しライネツカーで成し得ないものもグリーソンで完全に切り得る場合もあり、（中略）ダブルヘリカルは何んと云つても英国パワープラント社製が世界唯一のものである（中略）ただ遺憾ながら之れに要するカツターが高価であり、然も割合カツターの寿命が短い為め加工賃が比較的高価になるのが本機の欠点[40]」として世界最先端機種の評価を行っていた。

溝口歯車工場の設備機械について、歯車の権威者である成瀬政男は「大阪には溝口良吉翁がいる。工員より身をおこした日本における最大の歯切工場を完成した。同氏の独力によつて集められた世界各国の優秀歯車用工作機械もまた偉とするにたりる。外国においてもこれにおとらない歯車工場は多い。しかし、かくのごとく、世界各国の一流の歯車用工作機械を一つの工場に集めえたものは世界全体をみわたしてもその例をみない。同工場においては昭和九年フェロース型三五吋歯車形削盤が完成され、一〇年にはライネッカー社の三インチ、一一インチ、一八インチ傘歯車歯切盤が完成している[41]」と指摘した。

溝口歯車工場は岡本公成が設立した岡本工作機械製作所と深い関係を有した。「岡本公成氏が、ギヤーラツピングエンドテスチングマシンを作つて、当時会社工場に勧めても誰も必要を認めずその説きすゝめるに困る際、話が判つて呉れるのは溝口氏ばかりで直ぐ註文、今日技術上必要を感じ多数使用され註文殺到する状態であるが、第一号機は溝口工場に納つて、その後も何台か高価だが註文され使用中の筈で、必要な機械に惜しげなく金を投ずる慧眼の所有者だ。今日でも岡本氏の考案になる第一号機は溝口工場に入る」といわれた。[42]岡本公成は一九〇九年七月に東京高等工業学校機械科を卒業後呉海軍工廠造機部に入所、一一年二月に海軍造船監督官としてイギリスに出張、滞英中は軍艦「金剛」「比叡」の主機製作工場監督に従事した。一五年三月に器具工場長として池貝鉄工所に入所、一九年三月にアメリカに出張、その後二八年二月に岡本専用工作機械製作所を開業して歯車関係の工作機械を製作する傍ら二九年四月に大阪の前川歯切工場の顧問となった。なお前川歯切工場は、一八年四月に大阪府立西野田職工学校機械科を卒業後若山鉄工所に入った前川義二が二〇年五月に創業した歯切工場であり、三〇年代半ばには大阪において溝口工場に次ぐ位置にいた。[43]三七年時点で前川歯切工場の東京出張所は浪速貿易商会内、九州出張所は信和機材商会内におかれ、海軍工廠向け売込みのための横須賀代理店は共栄商事商会、呉代理店は内藤邦太郎商店、佐世保代理店は岩永末太郎商店、舞鶴代理店は堀井開商店であった。[44]

図 2-4　戦時下の歯車工場

日本を代表する歯車工場に成長した溝口歯車工場は機械関係の学会活動も支援した。例えば一九三一年から三二年にかけてウォーム歯車の試験を行い、その成果を三二年一一月一三日開催の機械学会九州機械工業会連合広島地方講演会において発表し、さらに『機械学会誌』に論文を発表した石原和直（徳島高等工業学校助教授）は、論文末尾において「本試験は昨夏から本夏に亘り試験用歯車は大阪溝口工場の備付の歯切盤及工具を使用して切削し試験機も同工場備付のものを使用した。この間多大の御好意を賜った工場主溝口良吉氏はじめ工場員諸氏に厚く御礼を申上げる」と記した。[45] なお本論文はウォームに関して『機械学会誌』に掲載された最初の論文であった。[46]

一九三六年八月末現在の溝口歯車工場の総資産は六一七万円、この内訳は機械設備と土地建物合計四三六万円、営業権一五〇万円、その他流動資産三一万円であった。大阪製鎖造機は神戸製鋼所や住友金属工業との買収競争に打ち勝ち、手元資金一〇〇万円に日本興業銀行からの融資三〇〇万円をあわせた四〇〇万円で三七年一月に溝口歯車工場を買収した。流動資産のうち仮払金、売上未収入金合計一一万八〇〇〇円を控除し、営業権は空資産であったから結局資産四五〇万円の溝口歯車工場を四〇〇万円で買収したことになる。買収前に溝口歯車工場は年六〇万円の利益を上げており、興銀への利払い年一五万円（年五パーセント）を考慮しても、この買収は「好買物」というのが『中外商業新聞』の評価であった。買収後も溝口歯車工場は大阪製鎖造機株式会社溝口歯車工場を名乗り、取締役工場長の溝口良吉がいままで通り経営した。[47]

この溝口歯車工場買収について、戦後神戸製鋼所社長の浅田長平は「戦前のことだが、あそこが売りに出たというので、神戸製鋼所も買いにいったことがある。そのとき、住友もいったらしい。たしか、うちの切り出し値が二五〇万円、住友が三〇〇万円だったと記憶している。それを大阪製鎖が四〇〇万円出して買ってしまったのである。あそこの溝口老人というのが、名人気質の職人あがりで、経営ということには得意でなかったようだ。それで、売る気になったのであろう」[48]と言及している。

一九三六年九月五日に溝口歯車青年学校が開校した。開講式には大阪府知事、大阪市長、海軍監督官、第四師団司令部の各代理、区長、佃小学校長などが出席した。同校は高等小学校卒業者が入学する本科と中学校卒業者のための研究科からなり、本科五年、研究科一年であった。学科目は普通科、職業科、教練科からなり、本科、研究科合わせての生徒数は六〇名であった。校長は溝口良吉、講師は同社設計技術部の技師六名が担当し、教練は藪歩兵大尉以下少尉三名が担当した。授業は週三日（月水金曜日）、時間は午後五時から七時までの二時間であり、研究科生徒は修身公民科、職業科、および教練科にのみ出席するものとした。[49]

四　戦時期の歯車業界

大阪製鎖造機は溝口歯車工場買収後も三八年四月に合名会社前川歯切工場、四一年二月に株式会社平尾鉄工所を合併した。ただし経営内部では派閥抗争が激しくなり、三九年二月に全役員が退陣することになり、臨時株主総会において軍の了解を得て溝口良吉と前川新太郎のみが取締役に再選され、社長に寺田甚吉、専務取締役に鷲尾儞三、取締役支配人に野口繁太が就任した。[50]全役員が交代するなかで溝口良吉と前川歯切工場の代表者である前川新太郎が取締役に再選されたことは、両者が代表する両歯切工場に対する軍部の評価が高く経営の継続性を重視していたことを物語るものであった。社内の人事抗争とは独立して両歯切工場の技術を温存することは戦時下にあって至上命題であったといえよう。

溝口歯車工場の技術水準を支えるものは世界最優秀の設備機械と熟練工であったが、戦時期に入って輸入機の調達が次第に困難になると、輸入代替機が数多く出現することになった。戦時期に出現した歯車関係の工作機械、検査器、工具としては、樫藤鉄工所、浜井機械器具製作所の歯車ホブ盤、東京機械製作所、藤田製作所、今泉機械製作所の歯車形削盤、豊和重工業、島津製作所の歯車平削盤、岡本工作機械製作所、大阪製鎖造機の傘歯車歯切盤、岡本工作機械製作所、日立精機、新潟鉄工所の歯車研磨盤、岡本工作機械製作所の傘歯車研磨盤、歯車ラップ盤、秋木機械製作所のスプライン軸研磨盤、三井精機工業、津田駒工業の精密円テーブル、三井精機工業、藤田製作所の歯車検査器、園池製作所、不二越鋼材工業、宇都宮製作所、恵比須屋鉄工所、安積製作所の歯切用工具などがあった。[51]

一九四三年末に大阪には七二軒の歯切工場があったが、歯切盤一〇台、その他機械一〇台、合計二〇台に満たない工場は企業合同によって存続を図ることとなり、結局二四工場が存続することになった。これによって大阪歯車製造組合は解散して日本歯車工業組合大阪支部となり、溝口良吉が支部長に就任した。企業合同の対象とならなかった工場はそのうちの有志が集まって大阪歯車増産協力会を組織した。[52]

おわりに

よい歯車を切るために工夫を重ね、何よりも世界一流の歯車関係の工作機械、検査器具、工具を揃えて生産に邁進した溝口良吉であったが、戦時期になると現場たたき上げの経営者、日本流〝生産人《プロダクション・マン》〟として脚光を浴びた。溝口は自工場の経営に専念しただけでなく、彼に続く後進の歯切業者に対する支援を惜しまなかった。戦前期の大阪において東京を上回る歯切業者が集積するうえで溝口歯車工場の果たした役割はかぎりなく大きかった。溝口の作業ぶりをみてこんな工作機械でこんなことができるのかと感嘆し、溝口歯車工場の設備機械をみていつかはこんな機械を揃えたいものだと鼓舞される後輩業者が少なくなかったのである。

溝口歯車工場の歯切業者育成のふ卵器としての役割は戦後も続いた。一九四九年一〇月に大阪市十三にて三輪工機株式会社が設立されるが、創業者の野村源三郎はじめ経営幹部はいずれも溝口歯車工場の出身者であった。[53] また四七年九月に大阪帝国大学工学部機械工学科を卒業後大阪製鎖造機に入社した山出一彦は溝口歯車工場に二年間勤務し、「『工員』身分であり、古参の熟練『小林武雄』職長から行き届いた指導(O. J. T.)を受けた。大小歯車の歯切り方法を先ず自ら模範を示し、私にやらせて、まずい点を矯正して頂くことが出来た。『技能』と『技術』とは異種のものではなく、一体と考える様になった」[54]。

溝口は一九四六年七月に大阪製鎖造機の監査役に就任、六八年五月までその役職にあり、七三年四月一〇日に没した。溝口亡き後も同社では「溝口歯車工場」という事業所名を八〇年代初頭まで掲げ続けた。[55]

注

1 溝口良吉「歯車回想談」(『歯車工業』第五五号、一九六三年四月)一五二―一五三頁。

2 「伏見海軍軍令部総長宮殿下　民間工場を御視察遊ばさる」(『工業評論』第二一巻第三号、一九三五年三月)五二頁。一九三二年一一月四日に機械学会の関西臨時総会が開催された折、参加者が溝口工場を見学した(「機械学界の溝口歯車工場見学」『工業評論』第一八巻第一二号、一九三二年一一月、七頁)。

3 「この整備する大工場の中で、作業服に身を固め、職工に伍して孜々として働いてゐる、全身これ活動と信念の権化と見られるその人こそ場主溝口良吉氏で、溝口工場の歯車歯切工場としての今日の名声及び実質は同氏の二十幾年の尊い血と汗によつて築かれたものである」(「溝口歯車歯切工場と溝口良吉氏」『工業評論』第一六巻第六号、一九三〇年六月、一二三頁)と紹介されている。

4 村上房雄「旋盤工から日本一の歯車工場主となった溝口良吉氏奮闘録」(『実業之日本』第三八巻第二号、一九三五年一月)八四―八五頁、および「溝口良吉氏の生活」(『機械工学』第一巻第五号、一九三八年五月)三二頁。

5 ダイヤモンド社編『産業フロンティア物語　錨鎖・歯車〈大阪製鎖造機〉』一九六九年、五〇―五二頁、および村上、前掲記事、八六―八七頁。

6 関西歯車工業協同組合編『歯車五十年史』一九六三年、一一二頁。

7 ダイヤモンド社編、前掲書、五二―五三頁、および村上、前掲記事、八七頁。

8 村上、同上記事、八八頁。

9 成瀬政男ほか「歯車工業界の先達溝口良吉氏を囲む座談会」(『マシナリー』一九五三年二月号)一五六頁。

10 溝口、前掲「歯車回想談」一五一頁。

11 前掲「歯車工業界の先達溝口良吉氏を囲む座談会」一五八―一五九頁。

12 ダイヤモンド社編、前掲書、五三頁。

13 合名会社溝口歯車工場『経営明細書』一九三六年一〇月(アジア歴史資料センター、Ref. C05035292800)。

14 ダイヤモンド社編、前掲書、五四頁。

15 関西歯車工業協同組合編、前掲書、一一三頁。

16 同上書、一一八頁。

17 前掲「歯車工業界の先達溝口良吉氏を囲む座談会」一五九頁。
18 工業之日本社編『日本工業要鑑』第一二版、一九二一年、「工場要録」二〇五頁。
19 大阪市産業部編『大阪市工場一覧』一九二七年。
20 工業之日本社編『日本工業要鑑』第一六版、一九二五年、「工場要録」一一六頁。ここでは「溝口歯切工場」と表記されている。
21 末永三良「歯車の新しい歯切法」(『工業之大日本』第二四巻第一〇号、一九二七年一〇月)四七頁。
22 工業之日本社編『日本工業要鑑』第一八版、一九二七年、「工場要録」一三五頁。
23 工業之日本社編『日本工業要鑑』第一九版、一九二八年、「工場要録」一五四頁。
24 山田生「名実共に東洋一　米国人を驚倒せしめた溝口歯車歯切工場の設備」(『工業評論』第一八巻第七号、一九三二年六月)五〇頁。
25 時期は確定できないが、この時期になると「溝口歯車歯切工場」と名乗っていた。
26 藤木元雄編『MIZONOKUCHI 歯車に就て』溝口良吉、一九三〇年、二頁。
27 前掲「溝口歯車歯切工場と溝口良吉氏」二三頁。
28 藤木元雄編、前掲書、三、一九頁。
29 同上書、一八、二〇、二二―二四頁。
30 前掲「溝口歯車歯切工場と溝口良吉氏」二三頁。なおここでは良吉は四男となっている(同上)。
31 大阪市産業部編『大阪市工場一覧』一九三三年。
32 「更に陣容新たなる溝口歯車工場」(『工業評論』第一九巻第一〇号、一九三三年一〇月)三一頁。
33 溝口歯車工場『工場大要』一九三六年、一頁(アジア歴史資料センター、Ref. C05035292800)。
34 人事興信所編『人事興信録』第一一版、下巻、一九三七年、ミ八五頁。
35 前掲『経営明細書』。
36 前掲「歯車工業界の先達溝口良吉氏を囲む座談会」一六二―一六三頁。
37 ダイヤモンド社編、前掲書、四七、五六頁。艦船用蒸気タービンの減速歯車を加工する歯切盤の国産化気運は一九三九年頃から始まり、海軍の要望を受けて芝浦工作機械が国産化に乗り出した。呉海軍工廠にあったライネッカー社製五メートルホブ盤を基礎に研究を続けた。終戦によっていったん中止したが、ライネッカー社製ホブ盤から割り出された親歯車が同社で保存されていたため、これをもとにして五二年からふたたび建設に着手し、五三年一一月に完成した（「芝浦機械の親歯車ホブ盤」『東洋経済新報』一九五七年三月一六日号、七二頁）。

38 溝口、前掲「歯車回想談」一五二頁。

39 「昭和十年度における溝口歯車工場の主要製作品」（『工業評論』第二二巻第一号、一九三六年一月）七二頁。

40 「実際家の観た世界の優良工作機械」（『工業評論』第一九巻第一一号、一九三三年一一月）二頁。

41 成瀬政男「歯車の今昔」（『精密機械』第一七巻第二〇二号、一九五一年一〇月）四頁。

42 前掲「溝口良吉氏の生活」三三頁。

43 前川歯切工場「経営明細書」一九三五年（アジア歴史資料センター、Ref. C05035288900）。

44 村田定雄編『歯車要覧』前川歯切工場、一九三七年、ページなし。

45 石原和直「ウオーム歯車の試験」（『機械学会誌』第三六巻第一九三号、一九三三年五月）三〇四、三一〇頁。

46 会田俊夫『歯車の技術史』開発社、一九八一年、二一三頁。

47 ダイヤモンド社編、前掲書、五七頁、「溝口歯切を買収した大阪製鎖造機」（『東洋経済新報』一九三七年二月一三日号）一一二―一一三頁、および「大阪製鎖　溝口工場買収は成功」（『中外商業新聞』一九三七年三月八日、神戸大学新聞記事文庫）。

48 ダイヤモンド社編、前掲書、一五七頁。

49 「私立溝口歯車青年学校」（『工業評論』第二二巻第一〇号、一九三六年九月）二五頁。

50 沢井実『近代大阪の産業発展―集積と多様性が育んだもの』有斐閣、二〇一三年、一四四―一四五頁。

51 成瀬政男「歯車」（日本機械学会編『日本機械工業五十年』一九四九年）八五三頁。

52 関西歯車工業協同組合編、前掲書、一一九―一二〇頁。

53 三機工業ホームページ（www.sanwa-kk.jp/corporate/history.html、二〇二一年五月三一日閲覧）。

54 山出一彦「私の歩んだ技術・技術士業務の道程」二〇〇五年一〇月九日（https://engineer.or.jp/dept/mech/record/document/document2005/document0510-2.pdf、二〇二一年六月一日閲覧）。

55 大阪製鎖造機『有価証券報告書』各期。溝口の没年月日については、住友重機械ギヤボックス株式会社の山﨑剛氏からご教示いただいた。記して感謝申し上げます。

第三章
酒井寛三と酒井寛三商店

はじめに

戦前大阪の諸機械工具材料問屋は工業生産のための材料・諸機械工具などの提供者として独自の役割を果たした。創業者の多くは丁稚奉公を通して仕入れ・販売の腕を磨き、独立後も主家《オモヤ》との関係を維持しながら仲間取引のネットワークを背景に業容の拡大をはかった。一九三〇年代前半の東京の建築金物問屋に関して、「建築用小金物は（中略）材料に用ひる金属の種類、形状、大小とにより数千種に達し、高級品には舶来品も数多あり、従つて一軒の問屋で是等の全部を揃へて置くことは殆ど困難で常に同業者間相互で、商品の融通を行ふことが普通である」[1]といわれた。

本章が取り上げる諸機械工具材料問屋・酒井寛三商店の創業者も一四歳から三七歳まで大阪を代表する諸機械工具材料問屋である林音吉商店に勤め、一九一三年に独立し、戦間期の業容の拡大によって酒井寛三商店を大阪を代表する諸機械工具材料問屋の一つに成長させ

図 3-1　29 歳の酒井寛三と息子文一郎（写真はいずれも酒井文一郎『生誕百年記念追憶記―父の思い出』私家版、1978 年からの転載）

た。三〇年代に入ると諸機械工具材料問屋の業務はもっぱら長男の文一郎らに任せつつ、酒井寛三は鉱業や化学工業の分野に出資するようになる。また従来からの輸入業務だけでなく、国産品の輸出、とくに植民地、中国、東南アジア、インド方面の新市場開拓にも注力した。

本章では明治期からアジア太平洋戦争期にかけての酒井寛三商店の経営展開を辿りながら、大阪における金物問屋の意義と役割について考えてみたい。

一　独立創業まで

酒井寛三商店の創業者酒井寛三は一八七八年九月九日に石川県羽咋郡粟生村に生まれた。寛三は尋常小学校を卒業すると数え年一四歳のとき父寛吾につれられて上阪し、堂島の林音吉商店で丁稚奉公した。店では豊吉（ブン吉、後に文吉と呼ばれる）と呼ばれ、朝五時から夜八時まで働いた。林音吉商店はすでに大阪を代表する金物の内地問屋であり、初代音吉と分家の養子である林寅造が中心となって経営していた。月に二〇銭か五〇銭位貰い、盆と暮に最高五円、下着、厚司、着物、下駄などを貰った。九七年、寛三が一九歳の時に音吉が亡くなり、三一歳の林寅造が実質的な経営者となった。[2]

一八九八年に一〇歳で香川から来阪して林音吉商店に丁稚奉公した堀家伊之介によると、入店当時同店には五〇人の店員がいた。林音吉商店から独立した機械工具商は林音会を組織して主家を中心に相互の親睦を図った。[3]

明治期の大阪金物業界では山炭（湯浅七左衛門商店、後の湯浅金物、湯浅商事）、輸入金物の岩井商店、新進の林音吉商店が有名であった。岩井商店が海外と直接取引したのに対し、林音吉商店は神戸の商館との取引が中心であり、輸入品を全国に売った。一九〇八年一一月に「欧米諸鉄器輸入業」林音吉商店は東京出張所（日本橋区小伝馬上町）を設けた。[4] 寛三は日露戦争中に音吉と同郷の名張の藤野平右衛門の娘縫（後に愛と改める）と二代目音吉の媒酌で結婚した。結婚後しばらくして江戸堀に借家を見つけ、〇七年の天満の大火のときには主家である林音吉商店に逃れ、今度は西宮の新築二階建ての借家から阪神電車で通った。[5]

一九三五年に同業者との座談会において、寛三は明治期の思い出を次のように語っている。[6]

日清、日露当時の事と云ふとさうですね、私は十三才の時堂島の林の本家で御厄介になつて居りました、日清戦争は確か十七才位の時分でした、よく覚えてゐますが、旗を持つて兵隊を迎へに行つたものです、店の前に陛下の額を掲げて御神酒を供へてゐました、その当時の商売としては、まだ私は丁稚の身分でしたが砲兵工廠納めの鉄ネジは横浜から供給を受けてゐました、その時分一吋半で三十銭のものが七十銭位で売れました、これは横浜と大阪の通信機関が今程発達してゐなかつた為めでせう、日露の時分には鋼の輸入が二ケ月位でこちらに来ました、東京のある店から鋼の注文があつて、当時は東京が買入れの本家でしたがそれを佐世保に送つたり仲々注文がよくありました（中略）その頃海軍から直接購買と会計と検査官とが一緒にやつて来て倉を見せろと言つて在庫調べをやるのです、後から電話してきて、是非来て呉れと言ふのです、マサカ即決の注文とは思はないから兎に角行つて見ると、あれは幾らか、これは幾らかと問うのでい、加減出鱈目の値段を言ふと、それで宜しいと言ふのでスッカリ売れてしまいました（後略）

井上好三郎や堀家伊之介など二二名の業界関係者が出席した座談会において、寛三は最初に発言しており、一九三五年当時立売堀・新町の工具商街のなかの重鎮として自他ともに認める存在であったことがうかがわれる。

二　第一次世界大戦期

一九一三年に三七歳のとき寛三は主家から独立を薦められた。委託販売用の大量の商品とともに独立資金三〇〇〇円[7]を与えられた寛三は、同年秋に西区薩摩堀の借家に移った。店は六畳くらいで土間の通路があり、その次のお茶の間が四・二畳、奥が八畳くらいであった。店の土間には捻子（アジア太平洋戦争中に鋲螺《ビョウラ》と呼ばれるようになる）類や工具、倉庫には研磨紙、アンビルなど雑多な金物類の在庫があった。品物はみな英文字が入っており、神戸の外国商社から仕入れた品物であった。寛三は仕入商品を整え、市内はもちろん、九州、中国、関東地方、朝鮮などの得意先に独立開業の挨拶状を送った[8]。

辞める前寛三は林音吉商店の外国部の責任者であり、外国品に関する知識が豊富であった。一九一三年は独立準備期間であり、翌一四年に独立を正式に公表し、酒井寛三商店を名乗った。[9] 開業当初は不景気であったが、寛三は販売、仕入、会計、梱包、発送の一切を行い、店先道路にはみ出た商品を荷造した。後に寛三は息子たちに「商売は不景気であった。多少でも、商売が出来たのは主家（林音吉商店）で皆の人から信用され、真面目に暮して来た信用のお陰である。いつまでも主家の恩を忘れてはならない」と繰り返した。その後第一次世界大戦が勃発し、しばらくすると在庫品は値上がりし、注文が殺到したため、寛三は神戸の商館通いを繰り返した。[10]

第一次世界大戦期の好況にも助けられて酒井寛三商店の経営は順調に推移した。『工業評論』（一九一七年一〇月号）には「酒井寛三商店」なる匿名記事が掲載されている。[11]

諸機械工具商酒井寛三商店は、多年堂島林音吉商店に在勤し敏腕の聞へあつた、酒井寛三氏の経営なるもので、大正二年三月創業、本年現在の個所（西区立売堀南通六丁目—引用者注）に移転したのである。開業以来未だ五星霜に満たぬが、氏一流の商略的鋭敏なる頭脳と手腕と、その熱心着実なる営業振とは、今や一般斯界に認識せられ、その信頼益加はり連日忙殺せられてゐる。同店は今回更に三木製鉄株式会社の代理店として、同社の製品一式の取扱をも開始したのであるから、同店が今後の発展活躍こそ真に期待すべきものがあると思ふ。

酒井寛三商店が代理店となった三木製鉄株式会社は一九一六年一〇月に兵庫県美嚢郡別所村に設立され、一八年現在で公称資本金一二万五〇〇〇円（払込資本金一〇万円）であり、このとき寛三は同社監査役に就任していた。[12]

以上のような業容の拡大を背景に個人経営の酒井寛三商店は一九一八年六月に合名会社組織に改組した。資本金は五万円（二六年に一〇万円に増資）、出資者は寛三四万五〇〇〇円、酒井アイ三〇〇〇円、酒井喜七（東京在住）二〇〇〇円であった。[13] また一九年時点の取引銀行は住友銀行川口支店、三井銀行川口支店、山口銀行西支店であった。[14]

商業興信所の調査によると、一九一八年一〇月時点の酒井寛三商店の「正味身代」（純資産）は五万円～七万五〇〇〇円の階層に属し、信用度はこの階層でもっとも高い「B」ランクであった。[15] それが約二年後の二〇年一二月調査によると同商店の正味身代は三〇～四〇万円層に一挙に増加し、信用度も「A」ランクであった。[16] 一九年の戦後好況期に酒井寛三商店は蓄積を一気に進め、二〇年三月の恐慌も同店には大きな打撃とならなかった。

三　順調な経営展開―一九二〇年代―

商館の番頭や支店長の多くは寛三の知己であり、それが商売を支えた。最初の番頭として丹波から松本徳次郎が入店した。薩摩堀の家が手狭になったため、前述のように一九一七年に立売堀南通六丁目の借家に移った。商売の規模が大きくなり、この家も手狭になったため、家族は西長堀の家に住むようになった。店員は三〇名位に増加し、さらに一九二〇年代前半には四〇名、五〇名と増えた。寛三は英語はできなかったが、夜学の英語学校である泰西学館で勉強した経験があった。外国との取引で必要な通信文の作成のため銀行員が夜間に手伝いにやってくることもあった。一九二〇年代前半に敦賀商業学校の卒業生が就職し、外国部主任として商売から通信を担当した。[17]

立売堀の店では敦賀や金沢などの商業学校の卒業生と尋常小学校、高等小学校卒業者が働いたが、前者は外国部と会計部、後者は内地部に勤務した。商業出も小学校出も区別なく、掃除、雑巾掛けを行った。ただし商業学校出は姓名で呼ばれ、小学校卒は何々吉と苗字の頭をとって呼ばれた。酒井寛三商店からは何人も独立し、紡績機械附属品の内地販売・貿易、切削工具工場、鋲螺工場の経営などで成功する者もいた。また従業員には軟式テニスをする者、“SAKAI”のマークの入ったユニフォームをつくって野球チームを結成し、他店と試合をする者もおり、寛三はそうした活動に支援を惜しまなかった。[18]

酒井寛三商店の一九二〇年の業容は「機械製ナット　リベット製造　日本鉛管製造所特約　山本螺旋鋲製造所特約　黒田金床製造所特約　三木製鉄株式会社代理店　製品諸工業用鋳鋼品一切　米国製鷲印木捻其他機械附属品諸材料　輸出入商」[19]であり、リベットやナットを下請工場に製造させる一方、日本鉛管製造所、山本螺旋鋲製造所、黒田金床製造所と特約関係を結び、三木製鉄の代理店を継続し、米国から木捻子なども輸入していた。

一九二一年九月二一日に「諸機械附属品工具諸材料輸出入商合名会社酒井寛三商店」は「海外の販路を拡張致度左記地方に於ける金属類扱商」の紹介を外務省商工局に依頼した。左記地方とは漢口、天津、南京、香港、シンガポール、マニラであった。[20]この依頼に対して外務省通商局はさっそく九月二九日付で回答し、漢口では花井洋行（金物）、天津では茨木洋行（建築材料）、南京では三星洋行（金物）、香港では湯浅洋行（金物）、三井洋行（金物）、日森洋行（金物）、中旭洋行（金物）、東勝洋行（金物）、シンガポールでは石原洋行（金物）、マニラではPacific Commercial Co.（金物）、Smith, Bell & Co.（金物）、Bazar Filipino（金物）、Manila Trading and Supply Co.（金物）、Parsons Hardware Co.（金物）の名前を上げていた。[21]酒井寛三商店は在シアトル領事館に対しても直接同様の依頼を行った。これに対して同領事館は一九二一年一二月二日に外務大臣内田康哉にSeattle Hardware Co.とSchwabacher Hardware Co.の名前を同商店に伝えるよう依頼し、この情報は一二月二六日付書簡において外務省通商局から同商店に伝えられた。[22]こうした外務省や領事館に頼った情報収集がどこまで成果を上げたかを確認することはできないものの、二〇年代初頭の酒井寛三商店は輸出入両面において取引規模の拡大にきわめて積極的であったといえよう。

一九二〇年代前半の営業品目は、木捻子、ボルト、ナット、リベット、ワッシャー、釘、針金、鉄、鉄棒、瓦斯管、鉛管、その他建築材料各種、ハンマー、ドリル、鋸、釘抜、レンチ、プライヤー、タップ、斧、ショベル、スコップ、その他機械工具類各種、自転車リム材料、エメリークロスなど多岐にわたった。[23]

また欧米パイプメーカーの場合、日本渡と上海渡では取引量の大きい後者での価格の方が安く、寛三は上海の貿易商新井洋行に出向いてパイプの上海積み換えの交渉を行い成功させた。日本鋼管からは代理店の誘

表 3-1　大阪における板・線・金網・釘・鋲・針・罐類問屋の営業税ランキング（1924 年度）

（円）

名称	営業税額	営業所
（株）梅本商店	4,072	西区北堀江
佐渡島伊兵衛	3,466	南区安堂寺橋通
（株）中島保之助商店	2,074	南区末吉橋通
（名）池田福松商店	1,794	西区幸町通
菅生弁三	1,775	西区阿波座
（名）福田商店	1,618	西区西道頓堀
井上悦次郎	1,548	西区新町通
佐渡島英禄	1,536	南区安堂寺橋通
青木巳之助	1,436	西区立売堀北通
（資）山本菊蔵商店	1,257	西区新町通
吉田定七商店	1,062	南区大宝寺町
（株）中井利兵衛商店	1,043	南区安堂寺橋通
穐村治郎兵衛	1,041	南区長堀橋筋
（名）阪根商店	1,002	南区末吉橋通
渡辺栄一商店	985	西区新町通
杉山武夫商店支店	928	西区立売堀南通
岡野佐之助商店	924	西区西道頓堀
（株）阪口定吉商店	914	港区北境川町
（名）北島商店	855	東区博労町
（資）前川政造商店	823	東区博労町
小出丑松	779	南区安堂寺橋通
井筒政蔵商店	727	南区安堂寺橋通
（株）守谷商会支店	726	西区立売堀北通
前中喜三郎商店	706	南区安堂寺橋通
（株）中山悦治商店	704	西区南堀江
尾河原源三郎商店	688	西区新町通
井上好三郎商店	628	西区立売堀北通
（名）酒井寛三商店	573	西区立売堀南通
（資）斎藤商店	543	西区南堀江
（名）亀田商店営業所	496	西区新町通
松浦巳之助	430	南区末吉橋通
徳本大阪支店・古賀福太郎	398	西区阿波座
中西五郎兵衛支店	367	西区立売堀北通
津崎亥之助	339	西区梅本町
（名）西孫商店	339	南区順慶町通
（名）森野商店	315	西区西長堀北通

［出所］大阪商業会議所『大阪商工名録』大正 14 年版、1925 年。
（注）営業税は 1924 年度。

いがあったが、これには乗らなかった。酒井寛三商店は住友倉庫にたえず五〇〇～六〇〇トンのパイプ（主として水道管）を在庫しており、保税で満洲方面に販売する一方、内地の中部地方、西部方面で売捌いた。東京の八丁堀に斎藤長八郎商店があり、日本のパイプの相場は酒井と斎藤が支配し、日本鋼管はその相場をみて値段を立てたという。[24]

酒井寛三商店はＵＳスチール、ヤングスタウン（Youngstown）、マンネスマン（Mannesman）、エスコート（Escaut）、ミューズ（Muse）などの欧米のパイプメーカー、アメリカン・スクリュー（American Screws）やイギリスのゲスト・キーン・アンド・ネトルホールズ（Guest, Keen & Nettlefolds Ltd）などと取引があり、ポーランドからも数百トンのパイプが輸入された。フランスからも大量に輸入され、日本の代理人は小林順一郎元陸軍大佐であった。パイプ以外では工具、建築金物などが立売堀南通四丁目の三棟の倉庫にストックされていた。[25]

一九二六年に大阪毎日新聞社主催のアメリカ旅行募集をみた寛三は二代目林音吉、同業の日垣太市郎、津崎亥之助（元林音吉商店勤務）、井上好三郎（同左）を誘い、同年四月にアメリカに向けて出発した。寛三、井上好三郎、津崎亥之助はともに林音吉商店で勤めた仲間であっただけでなく、表3―1の営業税ランキングからもうかがわれるように大阪の中堅金物問屋でもあった。その後一行はヨーロッパまで足を延ばし、ドイツのマンネスマン、イギリスのゲスト・キーン・アンド・ネトルホールズなどで歓迎された。半年の海外旅行の後も店は発展した。〇六年生まれの長男、文一郎が堀江の高等小学校、天王寺中学校を経て慶應義塾の予科二年生のとき、二七年に金融恐慌が発生し、心配になった文一郎は大阪に帰って寛三に商売について尋ねたところ絶対に潰れないといって怒られたという。文一郎が本科一年の二八年六月から一一月までブラジル・アメリカ産業視察旅行に出かけたときも寛三は八〇〇円を前納してくれただけでなく、一〇〇〇ドルの旅行信用状を持たせてくれた。[26]

帰国後、文一郎は「伯国視察より帰りて」と題する小文を『植民』に発表している。小文は「嘗つて日本は日本の日本であつた、それから極東の日本となつたが今後は世界の日本とならなければならない」という印象的な一文で始まる。「北米に峻烈なる排日ある今日出稼的態度を以つて伯国を見るならば、又北米と同じ運命を辿るものであつて、自ら墓穴を掘るに等しい」という文一郎がブラジルで出会った在留邦人は、「彼等は均しく過去の侵略的な出稼移民を侮蔑し、我々は遠大の志を立て、生涯子々孫々に至る迄伯国に永住する覚悟」の人々であった。彼らに鼓舞されながら、文一郎は「アメリカへ行けば、ジヤズに慣れるし南米へ行けば、ギターの音に慣れるし、郷に入つては郷に従ふのだ」とした。[27]本科二年生になった文一郎は一九二九年に上海に一カ月間実習に行ったが、このとき寛三は受け入れを新井洋行に依頼した。同洋行の新井藤次郎は文一郎に学生時代は広い視野から物事をみる勉強をすることを奨め、魯迅をはじめとする日中文化人のサロンでもあった内山書店の内山完造を紹介した。[28]

一九二〇年代の酒井寛三商店の経営はほぼ順調に推移したといえるが、後述のように資産規模に大きな増加はなかった。二六年に開催された三井物産支店長会議において、大阪支店長が「市中ノ問屋ノ振ハザルコトニテ、特種ノモノ以外全部不振ナルガ、其原因ハ競争ノ激烈ナルコト、動モスレバ供給者ガ消費者ニ直接引合ヲ為ス傾向ヲ帯ビ来リタル為メナルベク、一方ニハ経費ハ益々増加シ来リ到底立行カザル状態ニ在リ、殊ニ砂糖、金物、肥料、材木、薬品ノ如キ一層不振[29]」と指摘しているように、二〇年代の大阪金物問屋の経営は厳しさの度を増していたのである。

四　輸出への注力と投資活動—一九三〇年代—

一九二〇年代の経営環境の悪化に対応して、その打開策を模索しつつ、寛三は大阪府工業奨励館や大阪府立商品陳列所（三〇年五月に大阪府立貿易館に改称）に足繁く通い、講演会にも出かけて新知識の吸収に余念がなかった。金融恐慌のころより輸入だけでなく、国産奨励、国産品輸出に注力していた寛三は大阪府立商品陳列所嘱託として同行四人で蘭領印度、シンガポール、ビルマ、インドを三カ月かけて回り、市場調査を行った。このとき寛三が開拓した得意先とはアジア太平洋戦争がはじまるまで取引を続けた。帰国後寛三は輸出部を設け、大阪高等商業学校卒の福島隆輔、敦賀商業学校出の矢部梅吉を輸出業務に専念させ、インド、東南アジア方面の輸出に努力した。酒井寛三商店は金物輸出の先駆者であった。[30] さらに寛三は三〇年代半ばには金物関係だけでなく、対インド向け輸出に関して加工綿布の取り扱いも開始した。三四年に設立された日本綿糸布印度輸出組合の組合員として、酒井寛三商店は同組合に三六年に一口、四〇年に二口出資していたことが確認できる。[31]

輸出取引においてはトラブルも発生した。一九三二年にコロンボの商人、S・L・モハメッド宛に商品（代価銀一一四ルピー）を輸出したにもかかわらず、期日になっても手形支払いが行われなかったため、酒井寛三商店は再三支払いを督促したものの効果がなかった。そこで同商店では交渉を同地の領事館に依頼し、これを受けた領事館では同人および代理商と交渉した。その結果荷受人には支払いの意思がなく、代理商が代わって支払うこととなり、貨物の倉敷料銀一〇ルピーを酒井寛三商店に請求してきたため、領事館はその情報を外務省に伝え、外務省経由で同商店に伝えられた。[32]

また一九三三年一月にボンベイのパテル商会（P. R. Patell & Co., Ltd.）に丸釘一〇〇〇箱（七七五〇ルピー）を輸出したところ、先方より船荷証券の期日遅れを理由に貨物の引き取り拒絶にあっただけでなく、酒井寛三商店（K. SAKAI CO.LTD.）は違約金一〇〇〇ルピーを請求されることになった。[33]「僅カ五六日の船荷証券の期日遅れ」を理由に法外な違約金を支払うことは酒井寛三商店として納得がいかず、電信において交渉を行ったものの埒があかず、結局ボンベイの領事館に交渉を依頼することになった。[34] パテル商会は違約金を一〇〇〇ルピーから六〇〇ルピーに減額してきたものの、酒井寛三商店側は納得できず、「正当理由を無視し理を非に曲げて苦情申出る相手に引掛りしは災難と諦め極僅少の涙金の程度にて承知するならば承認する」[35]ことを考えていた。

しかしボンベイの栗原作次郎領事は異なる見解を有していた。栗原領事の判断は「本件発生原因ハ叙上ノ如ク貴方側ニ存スルモノト云フヘク此際本件解決ノ要諦ハ貴方カ円満解決ノ誠意ヲ示サル、ヤ否ヤニ依存スヘク牽強付会ノ説ヲ立テ、責任回避之事トスルハ一般邦人商社ノ信用ニモカ、リ貴方将来印度市場進出ニモ影響スヘシト存セラル殊に同商会は野澤組旭硝子等トノ取引関係モアル事ナレハ何等カ至急妥結ノ方針ヲ以テ進マル事肝要」というものであり、酒井寛三商店にとってきわめて厳しい内容であった。[36] 最終的な結末は不明であるが、酒井寛三商店は本紛争を通じて契約条項遵守の重要性を学ぶことになったのである。

一九三一年五月に慶應義塾大学を卒業した文一郎が入店し、同年一二月に合名会社酒井寛三商店は株式会社（公称資本金二〇万円、払込資本金一〇万円）[37]に改組された。当時の外国部は日本の金物を中国、東南アジア、インドなどに輸出する一方で輸入にも注力しており、外国部は福島、矢部、山田（東亜同文書院出身）外二三名、東京以西全国と市内売りおよび朝鮮と満洲を管轄する内地部は二〇名位の陣容であった。[38] なお三五年に酒井寛三商店は西区西長堀北通四丁目に店舗を移転した。[39]

文一郎入店以降になると従来の金物問屋の業務は次第に文一郎に任せ、寛三自らは新たな事業をはじめた。[40]まず市立工業研究所の高岡斉博士の勧めで大日本セルロイド製のラクトロイドの国内販売をはじめたものの、使用人が在庫品をごまかし、得意先と結託して不正を行ったため、ラクトロイド部門は大きな損害を出した。次に大阪の財界人とともに秋田や新潟での石油の試掘事業に出資したが、これも成果が上がらず中止した。さらに静岡県と山梨県の県境の金山に出資した。この事業は順調に進展したため、後に大亜鉱業とした。大亜鉱業は一九三四年八月に設立され、事務所は大阪市東区博労町におかれた。三九年現在の資本金は五〇万円（全額払込済）、代表取締役の一人には酒井寛二郎が就任していた。[41]また金山の好成績に押されて各地の銅山に出資したものの、その多くは失敗に終わった。

寛三は銅山経営の権威者である小島甚太郎工学博士と知り合い、小島の友人であるラサ工業社長小野義夫と出会い、小野が社長をする東洋人造肥料（尼崎）に出資して同社取締役となった。東洋人造肥料は苛性ソーダ、塩酸、過リン酸石灰を製造し、酒井寛三商店は苛性ソーダと塩酸を販売した。寛三は一九二〇年代から甲陽園に居宅をもっていたが、その隣に元神戸酢酸工業取締役の直江平十郎がおり、寛三は直江の勧めで合成酢酸を製造することを計画し、その計画を小野義夫に話をしたところ、小野は昭和肥料社長の森矗昶《のぶてる》に伝え、三四年一一月に昭和

図3-2　長堀当時の店の前で

合成化学工業が設立されることになった。寛三は同社の監査役に就任し、製品である酢酸の国内販売に従事した。昭和合成化学工業の社長は小島甚太郎、三名の取締役の一人が小野義夫であった。[42] ちなみに三五年五月末日現在の持株状況は小島が一〇〇〇株、小野が五〇〇株、酒井寛三が五〇〇株、酒井文一郎が二〇〇株、酒井寛二郎（次男）が一〇〇株であった。[43]

化学工業以外では切削工具があった。不二越の井村荒喜の金切鋸刃をつくるので出資してほしいとの要請に応じ新鋭艦「那智」にちなんだナチ印の製品を販売したものの、結局寛三は工場の経営から手を引いた。寛三はまた一九三二、三三年頃に京都中書島に中外ホイルを設立し、アルミ箔の製造をはじめ、文一郎らが中心となって販路を拡大しようとした。しかしアルミ箔については小規模企業では限界があるため、高田アルミに中外ホイルを買収してもらい、寛三は一時高田アルミの監査役も務めた。さらに三七年頃六甲の裏側にある鈴蘭台の北側に数万坪の荒地を開墾して売り出した。結局土地を管理する担当者がいなくなり、土地は換金処分された。以上の諸事業に要した資金は基本的に寛三自らの資金であり、店の勘定とは区別されていた。[44]

最後に商業興信所『商工資産信用録』から酒井寛三商店の正味身代の推移をみると、一九二二年九月調査では二〇年一二月調査と同様の三〇万円以上四〇万円未満層にランクされ、「信用程度」は三ランクの最上位である「A」ランクであった。以後二九年九月調査では正味身代が四〇～五〇万円層に上昇しているが、それを別にすると三六年六月調査まで正味身代三〇～四〇万円、信用程度「A」ランクと変化がなかった。戦間期の酒井寛三商店はきわめて安定した堅実な経営を維持したのである。[45]

一九三五年の酒井寛三商店は公称資本金二〇万円（払込資本金一〇万円）と株式会社改組時と変化がなく、酒井寛三社長、酒井文一郎取締役、酒井寛二郎取締役、石黒鉄馬監査役（一八年から勤務する生え抜きの番頭）の役員構成であった。[46]

五　戦時期

昭和恐慌以降寛三は上述の諸事業に専念し、商売は文一郎はじめ店の者に任せた。戦時期になると統制色が深まり、応召や転職から店員の数も次第に減少していった。文一郎は同好の貿易業者と一緒に大東亜物産を設立して満関支貿易に従事し取締役に就任した。さらに上海に泰豊洋行という名の酒井寛三商店の支店を設けた。同店は一九四〇年頃には日本人、中国人合わせて一五人位となった。日本からあらゆる手段を尽くして品物を取り寄せ販売することでかなりの利益を上げた。続いて大連に大昌公司を設立して対満貿易の拠点とした。青島に出張所を設けたが、終戦とともに泰豊洋行も大昌公司も閉鎖され、文一郎は四六年春に日本に引き揚げた。[47]

先にみた一九三五年の座談会で、寛三は開業から今までの約二〇年間を次のように回顧した。[48]

その時分から何にでも手を出して仕事をやりました、元来仕事が好きで趣味と云ふ趣味はないがまあ仕事をするのが趣味位なものです、然し儲ける事には趣味を持つてゐないです（笑聲）仕事もしたが時にはえらい失敗もしました、その時分から国産品の方をやつて見る気になりました、内地で作つて輸出したらどうかと云ふので輸出の研究をして見る様になりました、御承知の通り輸出商売は下り坂になつたが今日では皆様のやり易い時代になりました、将来を眺めると、経験丈ではいけない今日流行の多角経営でやらなくてはと、助平の助平根性でやつて来た様な次第です、店の方では隠居してはどうかと言ひますが実際はもう隠居してゐるのも同然です

寛三は統制とか規則は大嫌いであったが、いったん法律が制定されるとこれを遵守した。戦時期になると昭和合成化学工業監査役の仕事を除くと自らが語ったように寛三はもうほとんど仕事をしていなかった。自分が手掛けた事業の後始末と骨董に凝っていた。[49] 寛三が取締役をしていた東洋人造肥料は一九三九年一二月に東洋化学工業に社名変更し、引き続き小野義夫が社長、酒井寛三が取締役に留任したが、四〇年九月二八日の臨時株主総会において重役全員が交替することとなり、小野義夫が社長を退任すると寛三も同時に取締役を退任した。[50]

一方昭和合成化学工業が一九三七年九月に公称資本金を一〇〇万円から三〇〇万円に増資すると、これに応じて寛三の持株は五〇〇株から一〇〇〇株（新株五〇〇株）に増加し、四三年一一月末日現在では寛三一五〇〇株（旧株五〇〇株、新株一〇〇〇株）、文一郎三〇〇株（旧株）となっていた。[51] 寛三が昭和合成化学工業監査役を退任するのは戦後の四五年一二月であった。[52] 四四年下期に小野が同社社長、小島が取締

役を辞任しており、[53] 彼らが戦時下における同社の経営を担ったことが、寛三が終戦後まで監査役を続けた理由の一班であったと思われる。

商業興信所の一九三九年八月調査によると、酒井寛三商店の正味身代は五〇～七五万円、年取扱高は二〇〇～三〇〇万円、三八年度の所得税は六六七二円であった。[54] 戦時期のインフレを考慮すると正味身代に大きな変化はなかったものと思われる。

おわりに

一九四一年に刊行された高田甚一編『現代工業人銘鑑』（日刊工業新聞社）は戦時下で活躍する産業人を取り上げているが、そのなかで酒井寛三は次のように紹介されている。[55]

本邦鉄工機械化学工業及貿易界に雄飛する株式会社酒井寛三商店社長の氏は石川県の産、年少にして来阪し堂島の林音吉商店に入店、爾来二十五年刻苦研鑽実務を体得、大正三年独立開業、鉄工、建築、造船、鉄道、土木、鉱業、農業用品、金物、機械、工匠具其他諸金属材料輸出入を標榜して斯界に打つて出て堅実なる方針の下に逐年進展、金属工業のみならず経営を多角的に或は化学工業の将来発展性あるに着眼、同方面にも進出一躍斯界一流として活躍する等其間氏は欧米業界観察に或は又大阪府嘱託として印度南洋方面の観察に又は同店取締役たる令息文一郎氏を南亜、南米、北米、印度、南洋等に派遣し新知識の吸収に国際貿易界に於ける店務の拡張に資すべく積極的方針を以て時局下の斯界に君臨する関西業界の雄として赤手空拳以て克く今日の業礎を築きたる氏は立志伝中の人なり。

ほぼ過不足のない寛三の軌跡の要約といえよう。このとき寛三の関係事業の役職として、東洋化学工業取締役、大亜鉱業監査役、昭和合成化学工業監査役が上がっていたが、[56]先述のように寛三は東洋化学工業取締役をすでに退任しており、大亜鉱業の代表取締役は次男の寛二郎が務めていた。

第一次世界大戦勃発直前に独立し、戦時期から戦後ブーム期にかけて一挙に業容を拡大した酒井寛三商店は一九二〇年代に大阪を代表する金物問屋に成長した。その後も堅実な経営を続け、金融恐慌以後になると日本製金物の東アジア、東南アジア、インド方面への輸出にも注力した。寛三にとって各地の領事館からの情報、大阪府立商品陳列所・貿易館、大阪府工業奨励館など公的機関からの情報も貴重であった。

一九三〇年代になると本業の金物問屋の業務は長男文一郎に委ね、寛三自らは自己資金を元手に人的関係を頼りに鉱山業、化学工業に出資するようになり、東洋人造肥料・東洋化学工業取締役、昭和合成化学工業監査役を務めた。

神戸の外国商館相手の商売からスタートした酒井寛三商店であったが、戦間期の日本経済の変貌に柔軟に対応してアジア向け輸出、鉱山業、化学工業への出資へと業容を拡大したのである。一九四三年一二月に株式会社酒井寛三商店は酒井興業株式会社に社名変更した。[57]

注

1 職業紹介事業協会編『日本職業大系Ⅱ　商業篇』有斐閣、一九三四年、六―七頁。
2 酒井文一郎『酒井寛三生誕百年記念追憶記―父の思い出』私家版、一九七八年、一七―一八頁。
3 沢井実『近代大阪の産業発展―集積と多様性が育んだもの』有斐閣、二〇一三年、一五四頁。
4 『東京朝日新聞』一九〇八年一一月十二日、広告。
5 酒井、前掲書、一九―二一頁。
6 「立売堀新町の今昔を語る（3）」（『日刊工業新聞』一九三五年一月二六日）。
7 一九三二年に三〇歳で林音吉商店から独立した瀬戸山彰の場合は、開業に際して電話一本と二〇〇円の祝儀をもらっている（沢井、前掲書、一五四頁）。林音吉商店における両者の役割と時代の違いがこの格差をもたらしているといえよう。
8 同上書、二一―二三頁。
9 先の座談会では寛三は「大正三年の五月頃店から特別の話があつて自分で店を拵へてゐると七月に戦争になりました」と発言している（前掲「立売堀新町の今昔を語る（3）」）。
10 同上書、二三―二四頁。
11 「酒井寛三商店」（『工業評論』第三巻第一〇号、一九一七年一〇月）七〇頁。
12 東京興信所編『銀行会社要録』第二三版、一九一九年、兵庫県之部八〇頁。
13 同上書、大阪府之部一二〇頁、および東京興信所編『銀行会社要録』第三〇版、一九二六年、大阪府之部八六頁。
14 工業之日本社編『日本工業要鑑』第一〇版、一九一九年、工業会社商店之部、二八九頁。
15 商業興信所編『商工資産信用録』第一九回、一九一八年、大阪之部二一三頁。
16 商業興信所編『商工資産信用録』第二一回、一九二一年、大阪之部一八〇頁。
17 酒井、前掲書、二四―二七頁。
18 同上書、二八―二九頁。
19 工業之日本社編『日本工業要鑑』第一一版、一九二〇年、工業会社商店之部、三〇二頁。
20 酒井寛三商店発外務省商工局宛書簡（大正九年九月二一日）（アジア歴史資料センター、Ref. B11090193400、『各国実業家関係調査雑件』所収)。
21 外務省通商局発再開寛三商店宛書簡「海外金属取扱商に関し回報の件」大正一〇年九月二九日(同上資料所収)。
22 在シアトル領事代理官補佐藤敏発外務大臣伯爵内田康哉宛書簡「金物類取扱商店名通報方ノ件」大正一〇年一二月二日(同上資料所収)、および外務省通商局発酒井寛三商店宛書簡「金物類取扱商店名ノ件」大正一〇年一二月二六日(同上資料所収)。
23 大阪商業会議所『大阪商工名録』大正一四年版、一九二五年、三三八頁。
24 酒井、前掲書、二八―三一頁。
25 同上書、三一頁。
26 同上書、三二―三八頁。
27 酒井文一郎「伯国視察より帰りて」(『植民』第八巻第九号、一九二九年九月)一一四―一一五頁。
28 酒井、前掲書、三九頁。
29 三井物産『三井物産支店長会議議事録』大正一五年(丸善デジタル版)二九〇頁。
30 注28に同じ。
31 籠谷直人「一九三〇年代の日本の綿布輸出統制の実態―日本綿糸布印度輸出組合を事例に―」(京都大学『人文学報』第八三号、二〇〇〇年三月)一三一頁。
32 在古倫母領事代理茂垣長作発外務大臣伯爵内田康哉宛「『ムーア』人商人ノ代金不払イニ関スル件」昭和七年一一月一五日、および外務省通商局発酒井寛三商店宛「『ムーア』人 S.L.Mohamed商店ニ対スル商品代金請求方ノ件」昭和七年一二月一六日(アジア歴史資料センター、Ref. B08061805800、『商取引事故関係雑件』)。
33 内田外務大臣発在ボンベイ栗原領事宛「酒井商店対『パテル』商会間取引紛争ニ関スル件」昭和八年三月九日(アジア歴史資料センター、Ref. B08061813900、『商取引事故関係雑件』)。
34 株式会社酒井寛三商店外国部発外務省通商局宛書簡(昭和八年二月二四日付)(同上資料所収)。
35 株式会社酒井寛三商店外国部発佐藤領事宛書簡(昭和八年一〇月二四日付)(同上資料所収)。
36 領事栗原作次郎発外務大臣廣田広毅宛書簡「『パテル』商会と酒井商店トノ取引紛争ニ関スル件」昭和八年一一月二五日(同上資料所収)。
37 工業之日本社編『日本工業要鑑』第二六版、一九三六年、工業会社商店之部、二八三頁。

38 酒井、前掲書、四一―四二頁。
39 酒井興業株式会社編『酒井興業株式会社創業一〇〇周年記念誌―つなぐ』二〇一四年、一四頁。
40 酒井、前掲書、四三―五〇頁。
41 東京興信所編『銀行会社要録』第四三版、一九三九年、大阪府之部一一二頁。
42 昭和合成化学工業『第一回事業報告書』頁なし。
43 昭和合成化学工業『株主名簿』(一九三五年五月三一日現在)。その後同社の株主構成には大きな変化が生じ、一九三七年五月末日現在では最大株主は五九〇〇株の森矗昶昭和肥料社長、第二位がラサ工業社長の小野義夫であり、小島と寛三の持株には変化がなかった(昭和合成化学工業『第五回事業報告書』七頁)。
44 酒井、前掲書、四三―五〇頁。
45 商業興信所『商工資産信用録』各回、一九二一―三六年。
46 酒井、前掲書、八二頁、および帝国興信所編『帝国銀行会社要録』第二三版、一九三五年、大阪府之部一七八頁。
47 酒井、前掲書、五一―五二頁。
48 前掲「立売堀新町の今昔を語る(3)」。
49 酒井、前掲書、五二―五三頁。
50 東洋化学工業『第二八期事業報告書』二、一一頁、および同『第二九期事業報告書』五、一一頁。
51 昭和合成化学工業『第六期事業報告書』二頁、同『株主名簿』一九三七年一一月三〇日現在、および『第一八期株主名簿』。
52 昭和合成化学工業『第二三期事業報告書』頁数なし。
53 昭和合成化学工業『第一九期事業報告書』頁数なし、および同『第二〇期事業報告書』頁数なし。
54 商業興信所『商工資産信用録』第四〇回、一九三九年、大阪府の部一五六頁。
55 高田甚一編『現代工業人銘鑑』日刊工業新聞社、一九四一年、一〇〇五頁。
56 同上。
57 酒井興業株式会社編、前掲書、一四頁。

第四章

椿本説三と椿本チヱイン製作所

はじめに

所有経営者として自転車用チェーン生産の町工場を日本を代表する機械用ローラチェーン・コンベヤチェーン企業に成長させた椿本説三の軌跡を追跡しながら、戦間期における新産業であるチェーン企業の成長過程を考察することが本章の目的である。

一九一二年に神戸高等商業学校を卒業した後、内外綿に入社した椿本説三は、綿糸取引で得た仲介手数料を元手に西成郡豊崎町南浜のチェーン工場を買収し、椿本工業所南浜工場を経営する。椿本工業所はすぐに椿本商店と改称し、同商店は船場の真ん中にある南久宝寺町に店舗を設けて兄の三七郎が管轄し、説三が工場経営に専念する形で兄弟が協力して自転車用チェーンの製造・販売に邁進した。しかし一九二〇年恐慌後になると自転車用チェーンにも陰りが見えはじめ、椿本商店はチェーンだけでなく、自転車部品、エボナイト、ベークライト、ファイバー、さらにはラジオまで手広く取り扱った。

一九三一年に兄の三七郎が四四歳の若さで他界すると、説三が椿本商店と椿本チヱィン製作所双方の経営を担うことになった。自転車用チェーン

図 4-1　椿本説三の肖像（椿本チエイン 100 年史編纂委員会編『椿本チエイン 100 年史』2018 年からの転載）

から機械用ローラチェーンおよびコンベヤチェーンの製造に転換した椿本チヱィン製作所にとって満洲事変後の景気回復・拡大は追い風であったが、それでも日中戦争勃発時の同所の従業員数は一〇〇名に達していなかった。戦時期に椿本チヱィン製作所は大きく飛躍する。四四年六月末の技術者は一二〇名、工員は八五三名に達した（後掲表4―4参照）。たたき上げの職人たちの腕に依存したチェーン生産は技術者に主導された量産体制に転換したのである。しかしこうした企業規模の急速な拡大にもかかわらず説三の所有経営者としての地位に変化はなかった。資源制約が困難の度を増し、軍部からの統制が拡大深化するなかで、説三は椿本チヱィン製作所を戦時期の経営環境に適応させようと懸命の努力を続けた。

一　独立まで

一八九〇年三月二三日に大阪市西区九条で生まれた椿本説三は一九一二年に神戸高等商業学校を卒業、内外綿に就職した。同社では社員は一等社員から九等社員に区分され、説三は九等手代として採用され、初任給は二八円であった（三円は社内強制貯金であったため、手取りは二五円）。なお、当時中等学校出は准社員に採用されたが、手代である社員にはなかなかなれなかった。説三は同年一二月に一年志願兵として入営し、一四年三月の除隊後内外綿に復職、翌一五年六月に内外綿上海支店に転勤した。上海支店工場は三万錘計画が完成して綿糸が売り出されていた。説三の仕事は内地同様売買課勤務であり、給料は内地の留守宅に渡され、在外社員は駐在地の貨幣で在外手当が支給された。[1]

説三は大阪時代と同じように伊藤忠、日本綿花、三井物産綿糸部、江商、茂木商店、安部幸などの上海支店を廻って綿糸（商標は「水月牌」）を売り込んだ。一九一七年五月に安部幸から綿糸の売り込みを依頼され、後に仲立ち手数料上海銀二万二五〇〇両（一両＝三円二〇銭）を手に入れることになる説三に対して、上海駐在重役は他社の買約品の世話をしておきながら何故自社製品を売らなかったのかと厳しく糾弾した。これには学閥対立も絡んでいたため、説三は翌六月に休暇を取って大阪本社に戻りまもなく内外綿を退社した。このとき説三はふたたび上海に戻って綿糸取引の仲介業をはじめたいと考えていた。[2]

二　椿本工業所・椿本商店の設立

説三の兄三七郎は井田ゴム商店大阪支店の支配人をしていたが、その井田ゴム商店が自転車のタイヤを取り扱っている関係から神戸の貿易商からチェーン一万本を受注した。生産は田村鉄工所が請け負ったが、生産が順調に進展せず、内外綿をやめて井田ゴム商店に毎日遊びに行っていた説三は田村鉄工所を訪ねた。鉄工所の田村幾三は洋灯口金（ランプ）の三平の元職長であり、自転車チェーンの輸入途絶に目をつけた阿部億次郎が一九一六年一月に東洋チエインを創設して田村を引き抜き、その後田村は東洋チエインをやめて田村鉄工所を設立したのである。[3]

東洋チエインの来歴についてみると、一九一二年に西区石田町に日本チエイン製造株式会社が設立され、一五年七月にイギリスロイド協会から日本におけるロイド指定の資格を獲得し、国産ロイド証明付きチェーンを生産した。その後自転車用チェーン、さらに一般動力伝導用チェーンの生産に進み、日本サイクルチェイン製作所を設立、一七年三月に組織を変更して東洋チエインとした。社長の阿部億次郎は欧米のダイヤモンド・チェーン製造会社、コベントリー・チェーン会社、ボールドウィン・チェーン製造会社、ホイットニー・チェーン会社、ハンスレーノルド会社、ジェフリー製造会社、リンクベルト会社などを歴訪してチェーン技術を学んだ。[4]

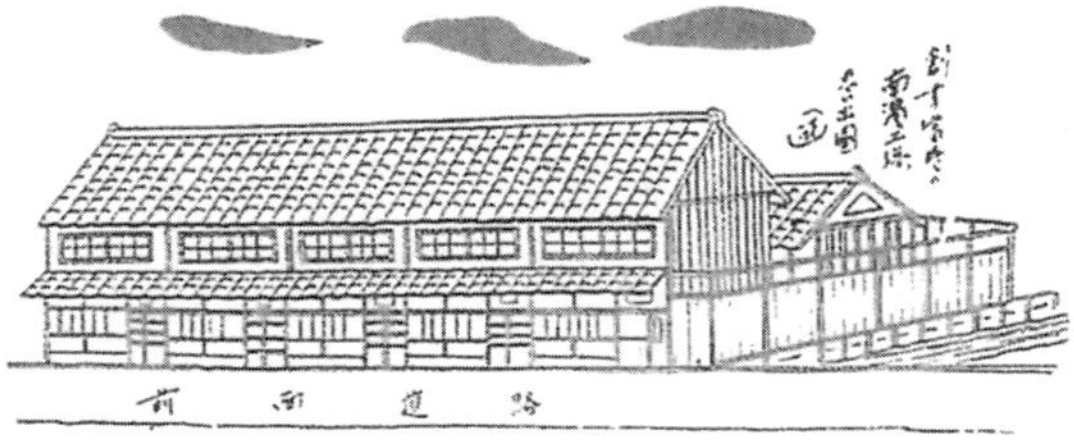

図 4-2　創業のころの南浜工場（椿本チエイン 100 年史編纂委員会編『椿本チエイン 100 年史』2018 年からの転載）

一方説三は田村と納期について談判し、結局井田ゴム商店が材料を現物支給して田村鉄工所の生産を軌道に乗せることができた。田村は西成郡豊崎町南浜に貸家を有しており、その裏の平屋を大阪チェインに貸していたが、この大阪チェインは船具金物商のバンデン商店が田村と同じく三平にいた河合を引き抜いて自転車チェーンを製作させていた工場であった。説三は安部幸の大阪支店長および上海支店長と交渉して先の仲立ち手数料二万二五〇〇両（日本円で七万円余）を一九一七年一一月に入手することができた。[5]

上海から戻った説三は一九一七年一二月に田村幾三を招いて椿本工業所を設立することとした。説三が所主となり、田村鉄工所を買収承継した椿

図 4-3　船場に進出した椿本商店（椿本説三『椿本物語』1967 年、国立国会図書館デジタルコレクションからの転載）

本工業所南浜工場の工場長に田村を迎え、職人も同工場が引き継ぐことにした。職人の給与は出来高払いで、その日に造ったチェーンを終業時に計量して工賃を記録した。増設のための中古機械は田村と一緒に谷町に出かけて購入した。[6]『日本工業要鑑』によると、二〇年の「椿本商店南浜工場」（創業一七年一二月）の工場主は説三、副主は三七郎、技師長は田村幾三、使用人は一二〇名、第二工場の主任は角田市太郎、使用人は二〇名であった。[7]

一方椿本工業所の事務所については井田ゴム商店の店先に仮看板を掲げていたが、一九一八年の正月早々井田商店の南隣の靭に家屋を確保し、説三は毎朝事務所から南浜工場まで通った。自転車チェーンは一日三〇〇本内外できるようになり、一カ月一万本の生産目標に近づきつつあった。チェーンの販売先は自転車問屋であり、半政商店、中村自転車商会、東京の丸石、二葉自転車商会の大阪支店、神戸の横山、橋本自転車商会、輸出専門の中迫商会などであった。輸出関係では神戸の外国商館や東京の村井貿易会社など金物類の商社が相手先であり、一回の注文量は二〇〇〇～五〇〇〇本であった。[8]

三　自転車用チェーンから機械用チェーンへ―一九二〇年代―

　自転車チェーンの好調な需要は一九二〇年秋まで続いた。工場原価に四、五割を乗せて販売しても市場では奪い合いの状態であり、最高値は一本四円で取引された。新店舗として船場の真ん中である南久宝寺町五丁目の古着商の店を買い取り、一九年一月に椿本工業所を椿本商店に改め、工場も椿本商店南浜工場とした。これを機に井田商店支配人をやめた三七郎が商店主、説三が支配人となり、店では従兄の辰巳良三をはじめ若い店員が増えて一〇名内外となった。椿本商店はチェーン以外に自転車部品、さらにエボナイト、ベークライト、ファイバーなど手広く取り扱った[9]。

　一九二一年の中頃になると問屋が売約チェーンの引き取りを渋るようになり、売約値段に対して市価はチェーン一本当たり一円～一円五〇銭の値下がりとなった。自転車チェーンの生産は月産五、六〇〇〇本に抑えられた。二一年八月頃説三が東京から帰ると、三七郎から工賃が払えないので職人全員を解雇したと告げられた。説三は苦しい事情を説明して一カ月間賃金の支払いを猶予してもらい引き続き働いてもらうことにした。また二一年には大日本自転車社長の岡崎久次郎から自転車チェーンの自社生産のために南浜工場を買収したいとの申し入れがあったが、説三はこれを断った。製品の多角化も試み、紡織機用スプリングも生産したが、これが不況を乗り越えるうえで大きな力となった。二四年に椿本商店にラジオ部を設け、二九年には「アンコール」と名づけた受信機を売り出した。横浜高等工業学校卒の技術者を雇い入れて南浜工場の二階で組み立てを行った。受信機の組立は三三年四月の南浜工場の火災で施設一切を焼失するまで続けられた。また二九年には緑々商会の技術者である沖原弁造から南浜工場の一部を利用して各種重油炉の設計・製作を行いたいとの申し入れを受け、これを実施したものの期待した成果を挙げることができず、結局沖原の個人事業として分離した。[10]

不況下にあって自転車チェーン製造業者の競争は激しかった。表4―1にあるように椿本商店南浜工場も含めて大阪のチェーン製造業者の多くは東淀川区川崎町、本庄町、南浜、東成郡に集積して鎬を削っていた。川崎町、本庄、豊崎町南浜は地理的にも近接しており、とくに南浜一帯は「チェーン横丁」と呼ばれた。[11]東洋チエインの阿部億次郎は一九二三年六月にチエインベルトを設立した。椿本商店南浜工場の「主要社員」は川口六太郎、下津間松平、「主要技術者」は平澤鎧吉、田村幾三であった。[12]職工数は一二〇名となっているが、これは明らかに過多である。大阪市調査によると二六年末現在の南浜工場の職工数は三〇名台であり、[13]一八年一月と比較して半減していたのである。なお田村幾三は椿本商店南浜工場を辞めて二七年一二月に田村セイコーチエイン製作所を設立し、三一年時点の同所の職工数は二〇名であった。[14]また二八年時点では椿本商店南浜工場の社員は七名、資本は一五万円に増加し、購買責任者は村田謙一、販売責任者は河手雄一であった。年産額は三〇万円、東京丸ノ内ビル八階の千代田組に出張員詰所がおかれていた。[15]

一九二〇年代の不況が深刻化するなかで説三は製品の多角化だけでなく基軸商品であるチェーンの販路拡大を模索していた。チェーンの先進国であるイギリスやアメリカではどのようなものを生産しているのかを知るために、菅家（説三の父説応の異父姉の家）の二男である菅和三郎（東京帝国大学卒業後、仏印の総領事などを務めた後、外務省通商局に勤務）に依頼して英米のチェーン業者のカタログを取り寄せてもらった。

表 4-1　大阪のチェーン製造業者（1925 年）

（人）

企業名	住所	創業年月	資本金（円）	払込資本金（円）	社長・専務 無限社員・工場主	工場長	社員	技術者	職工（1925 年）	職工（1928 年）
日本チエイン製造所	東淀川区川崎町	1919 年 12 月	150,000		須原 政次郎	平井 勝次				
東洋チエイン㈱	東淀川区本庄町	1916 年 1 月	300,000	222,000	阿部 億次郎	藤田 徴	19		124	57
大阪チエイン製作所	東淀川区本庄町	1915 年			三浦 覚太郎			3	50	50
藤田チエイン製作所	東成区小橋町	1916 年 3 月			藤田 常次郎				24	
チエインベルト㈱	東淀川区本庄町	1923 年 6 月			阿部 億次郎					
中西チエーン製作所	東成区中本町	1919 年 8 月			中西 楢造				28	
椿本製作所	東淀川区南浜町	1917 年 5 月	100,000	100,000	椿本 説三		4		120	65

［出所］工業之日本社編『日本工業要鑑』第 16 版、1925 年、「工場要録」26-31、145 頁、および同、第 19 版、1928 年、204-206 頁。

事実二八年四月二七日付書簡において椿本商店の三七郎は菅和三郎に対して米国領事あるいは大使館を通して「型録」を取り寄せることを依頼していた。これを受けて在ニューヨークの商務書記官は六月四日にリンクベルト（Link-Belt）社に対して営業カタログの入手方を依頼し、七日には同社から応諾の返事を得ていた。[16] イギリスからのカタログ二冊とアメリカからの三冊をみて説三はチェーンの太宗と信じていた自転車チェーンなどはチェーンの一部に過ぎず、チェーンが動力の伝導、輸送用機械に広く使用されていることを知った。[17]

一九二三年には英米企業のカタログ写真を借用してカタログを作成し、関係工場に送付したところ、さっそく呉海軍工廠からストーカー（給炭機）用ローラチェーンの照会があり、説三は一フィート四円余で落札した。設備が不十分であったため説三は「谷町の古機械屋をあさって、大型プレスを買求めてリンクを造り、ローラは再製引抜き鋼管屋に頼んで鋼管を切断し、巻きブシュとピンを寸法通り整え、外見は一応現物通りのチェーンを組立て」[18]納入した。

一九二四年にはコンベヤチェーンの引合が始まり、千代田組大阪支店から見本品を添えて照会があった。台湾の製糖会社でサトウキビを製糖機に送り込む装置に使うチェーンであった。このコンベヤチェーン第一号は納期に若干遅れたものの台湾に積み出すことができた。これを機に東京方面の市場開拓のために千代田組本店を代理店とし、出張員を常駐させた。二四年に農商務省が米貯蔵のための大倉庫建設を決定し、チェーンについて東洋チエインと椿本商店に見積照会があった。東洋チエインの阿部億次郎社長と説三は同じ丸の内ホテルに滞在して農商務省に通い、説三の技術提案が奏功して単独指名入札を獲得することができ、二五年に無事納入した。[19]

機械用チェーンに転向すると、工場設備の充実に努める必要があった。コークス燃料の反射炉を重油炉に切り替え、立売堀の古機械商からローラを造るのに適当な自動旋盤の出物があるとの知らせが届いた。導入されると一個当たりの請負工賃が下がるため職人連中は反対したが、一八〇〇円のこの機械を一九三〇年に導入した。自動旋盤を操作するために同機を使っていた山岡発動機工作所を定年退職した職人を雇い入れた。椿本が自動旋盤を採用したと伝わると自動旋盤の出物が次々に照会されるようになり、説三はよいものを次々に買い入れたため南浜工場には五、六台の自動旋盤が設備された。ボイラーを使っていた紡績、織布工場では給炭機があり、そのチェーンの取り替え需要があったため、「煙突の立つ所、必ずチェーンの需用あり」が販売員のモットーであった。[20]

機械用チェーンの仕事が軌道に乗ってきたため、一般商品を取り扱う椿本商店は従来通り三七郎のもとで

図 4-4　昭和はじめころのカタログ（椿本チエイン 100 年史編纂委員会編『椿本チエイン 100 年史』2018 年からの転載）

経営を続け、南浜工場は椿本チヱィン工場の看板を掲げた。一九二八年に三七郎の賛同を得て説三が椿本チヱィン工場所主となった。また説三は千代田組専務の中上川三郎治（武藤山治の女婿）の紹介で山治の従妹多嘉と結婚した。[21]

一九二七年三月に神戸高等商業学校卒業、貴金属商・尚美堂を経て二八年一一月に椿本チヱィン工場に入所した山中一郎によると、「注文は全部、椿本商店が引き受けて、商店の方から製造原票が回ってくるのを工務係の下津間さんが材料の手配、部品のスケッチ、寸法書き入れ、組立要領書を作って職長の駒沢さんに製作指示をするという段取りで（中略）給料は月末一回払いであったが、経営が苦しかったとみえて、月末の給料が、ときどき翌月の二〜三日ころまで延びたもので[22]」あった。

なお入社間もない山中一郎が取り組んだのが宣伝広告であった。山中は所主の説三以下の給料の一割を自発的に広告宣伝費に拠出してもらう案を立て、それを新聞広告費に充当した。また山中は尚美堂の意匠部に依頼して椿本チヱィンの登録商標、社章を制作した。さらに山中は社員教育にも熱心で工場が定時に終了すると、二階の一室に若い社員や工員を集めて、国語、英語、数学などを教えた。山中は若い店員とともに夜学である大阪工業専修学校高等部に三年間通って機械工学を勉強した。神戸高等商業学校出身の山中が業界で卓越した技術者として評価された背景にはこうした夜学での学習があったのである。[23]

説三は山中にチェーンの総合カタログの編纂発行を命じた。イギリスのレノールド社、アメリカのダイヤモンド社、リンクベルト社、ジェフェリー社、モールス社など世界的に有名なチェーンメーカーのカタログを入手して、これらを組み合わせて椿本チヱィンの和文総合カタログを一九二九年に作成し、一九三〇年二月に発行した。欧米での使用例や設計資料を掲載し、装丁にもこだわったこのカタログは、業界の注目を集めた。[24]

四　新製品開発の加速―一九三〇年代―

一九二九年に説三は海軍購買名簿への登録を出願し、三一年に「動力伝導用鏈鎖」が登録された。南浜工場は二八年に椿本チヱィン工場と改称したが、チヱーン工場では貧弱な感じがするのでカタログや官庁への願書には椿本チヱィン製作所を使用した。椿本チヱィン製作所の南浜工場は「海軍省指定工場」の看板を掲げた。機械用チヱーンの需要はまだ少なく、海軍納入が生産高の半ばを超え、経理面でゆとりがもたらされた。海軍工廠でチヱーンをもっとも多く使用したのは揚弾薬機であった。説三はチヱーンの設計構造について技術的な提案を行い、これが採用されたために以後椿本チヱィン製作所製が独占的に採用されることになった。三一年八月に三七郎が四四歳で他界し、説三は椿本チヱィン製作所と椿本商店の代表者となった。[25]

一九三〇年頃の椿本チヱィン製作所は「南浜町の路次裏ともいうべき小路に在り、裏長屋とも見られる二軒の陋屋を打抜いて本社事務所とし、其の裏側にこれ又、工員二、三十名を収容して最早余地なき手狭な、勿論木造の工場」[26]、「従業員も事務所と現場を合わせて六十名、まずは町工場といったもの」[27]と評されている。大阪市調査によると三一年末の椿本チヱィン製作所は従業員五〇～九九名層に属したが、三六年末には一〇〇～四九九名層に属した。[28]また三五年の同製作所は所員一五名、職工七五名、第一工場主任は駒沢宗吉、第二工場主任は下津間松平、購買責任者は楠喜太郎、販売責任者は河手雄一と山中一郎であった。[29] 山中の営業振りに感心した相手先担当者は「山中さんは何校の工学部出身か」と尋ね、また山中は「決して他社製品を貶さないことで、兎に角使ってみてから品定めをして貰いたいとの趣旨を、実に巧みな話術で相手を魅了する事であった」と評された。[30]

一九三二年二月に椿本チヱィン製作所で最初のストライキが起こった。三一年秋から従来の請負制が常傭制に切り換えられたが、これによって収入が減るという工員の心配が原因であり、三割の賃上げが要求された。説三との直談判が行われ、ストライキは一日で終わった。三三年四月に南浜工場南側第一工場から出火、二階事務所、隣接のラジオ組立作業場を全焼し、裏手のチェーン工場を半焼した。幸いに三二年に新築した北側工場、材料倉庫、主要な機械設備は無事だった。被災一カ月後の五月には操業を再開することができた。三四年には南側工場に隣接する長屋六軒を買収して九二六平方メートルの敷地を入手、鉄筋コンクリート造りの二階建事務所、旋盤工場、熱処理工場の三棟を建設した。三五年春には創業以来つぎはぎだらけで膨張した老朽工場が立て直されて工場が一新された。[31]

一九三三年頃から新製品の開発が加速された。切羽用C―六〇級チェーンが開発され、C―六〇級チェーンの販売を担当した岡村満寿太は九州、北海道の炭鉱を歴訪し、坑内現場にもぐって坑夫の親方にまでC型切羽根チェーンの優秀さを説いて回った。さらに岡村は専任の炭鉱地販売員を常駐させる制度をつくった。四〇年には満洲の満洲炭礦から年間一括注文として一〇フィートもの一万八五〇〇本、単価二五円四〇銭、総額四六万九九〇〇円の大量注文を受けた。[32]

サイレントチェーンによる梳棉機（カード）単独運転装置の開発も一九三三年であった。汽車製造がドブソン型のカードを製作し、ドライブにはＶベルトによる二段減速が使用されていたが、Ｖベルトは伸びる、スリップするなどの欠点を有しており、Ｖベルトをサイレントチェーンドライブに置き換える試みが始まった。鳥羽電機や共栄特殊鋳鋼の協力を得ながら椿本チヱィン製作所はＶベルトの代替に成功した。徳島紡績、福島紡績、呉羽紡績から大量のカード単独運転装置を受注し、生産が間に合わない状態が生まれた。舶用チェーン製作の端緒をつかんだのも三三年だった。同年夏に三井物産造船部から大型ローラチェーンを受注した。三井物産造船部はデンマークのバーマイスター・アンド・ウェイン社の技術供与でディーゼル船を建造しており、そのエンジンは二列ローラチェーンによってプロペラを駆動する設計になっていた。椿本チヱィン製作所への依頼はチェーンのローラが破損したため取替部品の試作であった。これに満足した三井物産造船部はのちに完成品としてのチェーンを発注するようになり、これが大型船に採用された[33]。

従来の「先方図面どおり」のチェーン製作から始めて、椿本チヱィン製作所が受注した複雑なコンベヤプラント第一号は一九三六年の東北セメント大船渡工場からの総額一七万円のコンベヤプラントであった。それまでにもバケットエレベータやフライトコンベヤを製作した経験はあったが、一工場全部のコンベヤ装置を総合的に製作するのは初めての経験であった。工場設備の制約からチェーン以外の機械加工部品などは外注に回し、減速機は安藤鉄工所に依頼した。しかしこの間に日中戦争がはじまり鋼材価格が暴騰したため採算が心配されたが、三七年一〇月に最後の抽出機を積み出すことができた[34]。

椿本チヱィン製作所が外地市場の開拓に取り組み始めたのは一九三一年以降であった。市場開拓を任され

表4-2　椿本チヱィン製作所の生産額推移

（円）

年次	生産額
1931	200,000
32	300,000
33	369,400
34	396,200
35	644,600
36	847,300
37	1,614,600
38	2,213,300

［出所］椿本チヱィン50年史編集委員会編『椿本チヱィン50年史』1966年、43頁。

た山中一郎は一カ月の出張によって京城の青木商会、奉天の原田組支店と代理店契約を締結することができた。これを機に後には朝鮮窒素肥料関係の大口需要、すでにみた満洲炭礦の切羽用チェーンをはじめとする各炭鉱からの需要獲得につながることになった。台湾ではイギリス人経営のボイド商会がアメリカのチェーンベルト社の代理店であったが、アメリカからの輸入が困難になると椿本製品を取り扱いたいとの申し出があり、同商会との間で代理店契約が結ばれた。さらに三二年に山中、三三年には説三自らが台湾に渡り、吉田商店、山半商店、三井物産高雄支店など各地の代理店を増強する一方、製糖会社への売り込みに注力した。製糖用チェーンは部品注文が大半であり、多品種少量生産であったため見積には相当の経験と熟練を要した。[35]

　表4―2にあるように一九三〇年代の椿本チヱィン製作所の生産高は三一年の二〇万円から連年増大し、三六年八五万円、三七年一六一万円、三八年二二一万円と戦時期に入って急増した。三七年六～一一月期の製品別受注額はコンベヤチェーンおよび特殊チェーン四七万八五三〇円、RSローラーチェーン一九万五八九五円、コンベヤ一〇万四九円、鎖車五万七四〇〇円、LSサイレントチェーン二万六六一一円、合計八五万八四八五円であり、コンベヤチェーンおよび特殊チェーンの割合が全体の五五・七パーセントを占めた。[36]三七年時点の全従業員は八〇名内外といわれ、外注依存の高まりを反映して三〇年代前半における生産高の伸びに比して従業者の伸びは緩やかであった。

五　戦時統制下の椿本チヱィン製作所

生産拡大に規定されて南浜工場（敷地五一八坪）に拡張の余地はなかった。一九三六年末になって説三の同窓の友人、山中平兵衛が大阪市旭区鶴見町の土地三〇〇〇坪を坪一二円で譲ってくれた。第一期工事は三八年春に完成し、南浜工場から一部の作業を新工場に移し、第二期計画は三八年末から三九年にかけて、第三期計画は四〇、四一年に完成した。鶴見町本社第一工場の完成には五カ年を要した。ローラチェーンの部品であるピンやローラは鶴見工場で造り、プレス作業によるリンクプレート、ブシュの製作、連結組立作業は南浜工場で行ったため、両工場間の部品運搬が大変であった。四二年二月に南浜工場が閉鎖され、椿本チヱィン製作所は創業の地を離れた。続いて第二工場用地の買収を坪当たり四六円で行い、工事は四三年八月から着手し、第二工場の四、五号工場が完成したのは四五年三月だった。さらに第一工場の西方一〇〇メートルにあり、企業整備の関係から休止中であった大同印刷紙器の工場を四三年一一月に借り受け、第三工場とした。[37]

一九四一年一月に椿本チヱィン製作所は株式会社（資本金三〇〇万円、全額払込済）に改組された。臨時資金調整法下での組織変更は複雑で、正式手続きを進めるために三井銀行から大村利一が入所した。当初資本金四〇〇万円で申請したが、認められず減額して再申請した。臨時資金審査委員会資料によると、個人経営の椿本チヱィン製作所の買収額（財産引受）が二五〇万円、運転資金は一五〇万円であり、資本金との差額一〇〇万円は日本興業銀行と三井銀行からの借入金によるとなっており、「総株式六万株ハ発起人及縁故者ニテ引受ク」とされた。[38] また現実には差額一〇〇万円は全額興銀大阪支店から融資されることになったが、その後の融資査定によって九〇万円となった。[39]

株式会社発足時の役員構成は、取締役社長が椿本説三、取締役が出光佐三（神戸高等商業学校の同窓生、説三より三期上、四三年一一月退任）、斎藤積善（千代田組社長、四三年一一月退任）、山中一郎（椿本チヱィン製作所社員）、大村利一（椿本チヱィン製作所社員、四〇年五月に三井銀行から入所、山中の小学校時代からの友人）[40]、監査役が楠喜太郎（椿本チヱィン製作所社員、四二年一一月退任）、菅井文夫（四四年一一月退任）、本多敏明（本多商店社長、四四年一一月退任）であった。[41] 四三年一一月に出光、斎藤が退任すると、百々貞雄（神戸高等商業学校卒、山中一郎の後輩）、岩合亀一（四六年二月退任）、岡信吉（四六年に死亡）が取締役に就任し、以後の戦争末期・終戦直後の困難な経営は説三を中心にして山中一郎（総務部長・製造部長）、大村利一（経理部長）、百々貞雄（営業部長）らによって担われたのである。[42]

図4-5　1938年に始動した鶴見工場（熱処理工場）の様子（椿本チエイン100年史編纂委員会編『椿本チエイン100年史』2018年からの転載）

一九四四年三月末現在の大株主の株式所有状況をみた表4―3によると、旧株六万株のうち説三が三万株、三七郎の長男椿本照夫が三五〇〇株を所有し、藤本証券、日本生命保険、販売代理店を除くと出光興産と出光佐三で三〇〇〇株、中西一雄が二〇〇〇株を所有した。四三年一〇月に資本金は三〇〇万円から七五〇万円（払込

表4-3　大株主一覧（1944年3月末現在）

（株）

氏名	旧株株数	新株株数	合計
椿本説三	30,000	30,010	60,010
（株）椿本チヱィン製作所産業報国会		7,470	7,470
椿本照夫	3,500	3,500	7,000
大和証券（株）	300	6,200	6,500
藤本証券（株）	2,200	2,600	4,800
勝部重右衛門		4,300	4,300
出光興産（株）	2,000	2,000	4,000
日本生命保険（株）	3,000		3,000
三洋商事（株）	1,000	2,000	3,000
（株）千代田組	1,200	1,200	2,400
中西一雄	2,000		2,000
出光佐三	1,000	1,000	2,000
原田商事（株）	1,000	1,000	2,000
（資）山半商店	1,000	1,000	2,000
山中一郎	580	780	1,360
中山保太郎	110	1,115	1,225
山一證券（株）		1,200	1,200
本多産業（株）	1,000		1,000
（株）本多商店		1,000	1,000
（株）守谷商会	500	500	1,000
楠喜太郎	450	450	900
（株）谷商店	600	100	700
岡信吉	450	250	700
大村利一	180	480	660
谷四郎	300	330	630
柴田貞吉		600	600
益野武夫		500	500
頼薫二		500	500
津谷勝人		500	500
岡村和子	250	250	500
菅井文夫	200	300	500
泉谷和夫	30	430	460
辰巳良三	165	265	430
小計	53,015	71,830	124,845
総計	60,000	90,000	150000

［出所］椿本チヱィン製作所『株主名簿』（1944年3月末現在）。

資本金五二五万円）に増資されたが、表4―3によると増資新株九万株のうち説三が三万一〇株、椿本チヱィン製作所産業報国会が七四七〇株、大和証券が六二〇〇株、勝部重右衛門が四三〇〇株、椿本照夫が三五〇〇株、藤本証券が二六〇〇株所有した。

一九四三年一〇月の増資に際して第一回払込二分の一、一株につき二五円を徴収した。この時の株主割当は一対一の六万株、第三者割当三万株として全株を産業報国会（社長を会長とする役員従業員親睦会である椿の会を産業報国会に切り替えた）とした。三万株を引き受けるためには七五万円が必要であり、説三名義で帝国銀行（四三年三月に三井銀行と第一銀行が合併して発足）大阪支店から払込金全額と利息引当金の合計額を借り入れて充当した。間もなく椿本チヱィン製作所株を公開して大阪市場に公開することになったため、株主作りの必要上産業報国会持ち株の一部を売却することになった。二五円払込の新株を一株四〇数円で大和証券が買い取り、それを新規株主に広く販売してもらうことになった。帝国銀行借入金返済までの元利合計金および残存手持株数の未払込金（一株につき二五円）総額の合計額を調達できる株数を売却することとなり、結局三万株中二万余株を売却することになった。しかしそれでも前掲表4―3にあるように新株についいて椿本チヱィン製作所産業報国会が説三に次ぐ大株主となったのである。販売代理店数社合計の持株は一万株を超え、戦争末期の椿本チヱィン製作所の株式の大半は椿本家、産業報国会、販売代理店の三者によって所有されていたのである。[43]

一九四四年三月期の当期利益金は五四万円を記録したが、利益金処分に関して「大株主タル椿本説三氏ヨリ予テ配当辞退ノ申出アリタルモ経理ノ実際ニ即シ一般株主各位ニハ八分配当椿本説三氏ニハ五分配当ナリト取締役会ニ於テ決定」[44]された。会社の急速な拡大にもかかわらず所有経営者としての地位を維持した説三は、利益の分配において時局の動向に敏感に配慮した行動をとっていた。

アジア太平洋戦争期に入るとそれまでは帝国石油への納品はすべて千代田組を代理店として納品していたところ、帝石から椿本チヱィン製作所および千代田組に対して海軍の指示により商社を通さず直納するようにとの通告があった。千代田組の意向を受けて山中一郎と大村利一は海軍艦政本部と航空本部を訪問し、いままで椿本チヱィン製作所は物品の納入、代金の授受、アフターサービスなどすべて千代田組に代行してもらってきたのであり、これによってメーカーとして比較的少人数で経営ができ、従って原価も安くなる、直納直売になるとかえって代価が高くなるのではないか、千代田組を椿本チヱィン製作所の営業部として考えてほしいと訴え、海軍を納得させることに成功した。[45]

戦時下の経営における困難の一つが鉄鋼材料の調達であった。チェーン工業の位置は低く鉄鋼を材料とする雑工業の一つとみなされていたため、鋼材割合の優先度も決して高くなかった。そこで椿本チヱィン製作所では説三社長の発案で注文先から注文証明書を集め、これを重要度に従って分類、所要資材を計算してチェーンが機械部品としていかに重要であるかを割当機関に認識させる手段とした。数百枚の証明書を需要家部門別にとじ込み、商工省関係各課にこれを持ち込み、割当資材の増加を陳情した。価格統制も経営の自由度を奪った。一九三九年一〇月の価格等統制令によって九月一八日現在の価格にくぎ付けとなり、RSローラチェーンは定価表を設けていたためそれが停止価格となった。代理店渡しは定価表の二割引きであったため、上限幅は二〇パーセントにすぎず、価格操作の自由度は大きく制約されることになった。四一年にはチェーン業者の統一価格として協定価格が認められ、二、三割の値上げが許されることになった。[46]

一九四一年一二月に椿本チヱィン製作所は産業機械統制会会員に指定された。続いて四二年一月に第三次海軍監査工場の指定を受けるとともに原価計算の実施を命じられた。神戸商科大学の平井泰太郎教授や丹波康太郎助教授の指導を受け、さらに大阪海軍監督官事務所からも専門係官が派遣されて原価計算手法と海軍様式を教えられた。原価計算規定が個別原価計算様式であったため、製品ごとに原価カードを作成したものの、不慣れのために現場からの作業時間報告などに誤りが多く、現物は製造が終わっているのにカードは未了といったことがしばしば生じた。四四年二月には海軍監督工場の指定を受け、倉庫課二階に監督官事務所が設置され、経理の監督を受けるようになった。四四年四月の軍需会社指定以降は軍需省との共管となり、海軍監督官が主席監理官として業務を行い、商社マージンは全面的に排除される事態となった。軍需会社に指定されると生産責任者として説三、生産担当者には山中一郎が決定し、それぞれの代行者の順位も定められた。軍需会社になると生産責任者が従業員に対して現員徴用をかけることができた。椿本チヱィン製作所は従業員全員に対して現員徴用をかけたが、徴用のがれのため社外から籍を同社におかせてくれと申し入れてくる者が相当多かった。姉妹会社である椿本商店は四三年七月に椿本興業に改称し、従業員全員の籍を椿本チヱィン製作所に移し現員徴用をかけて他の軍需工場からの徴用を防いだ。[47]

軍需会社に指定されると軍需融資指定金融機関として日本興業銀行が指定された。椿本チヱィン製作所の取引銀行は帝国、安田、三菱、三和、興銀を主力とし、その他に住友、野村とも取引があった。軍需融資指定金融機関指定時には安田銀行からの借入金がもっとも多かったが、過去三カ年の貸付積数では帝国銀行が上回っていた。しかし興銀は一九四一年一月の株式会社改組時に九〇万円を融資し、青年学校寄宿舎の低利資金、工場新設資金などの長期資金を貸し出していたため、大蔵省銀行局が興銀を指定したのである。ただし長期資金の専門銀行であった興銀は商業手形の割引などに時日を要し不便であったため、椿本チヱィン製作所は大蔵省当局に陳情して指定銀行に帝国銀行を追加してもらうことができた。続いて四五年三月には興銀を解除して帝国銀行一行の再指定となった。[48]

表4―4によると一九四二年度の椿本チヱィン製作所の生産額は三〇五万円、四三年度は四〇四万円、四四年度第一四半期は二六三万円であり、四四年度第一四半期では海軍向けが圧倒的であった。四四年六月

表 4-4　椿本チヱィン製作所の生産額推移・従業者数

（千円、人）

年度	陸軍	海軍	その他	合計
1942	73	1,763	1,213	3,049
43	210	1,593	2,234	4,037
44・第 1 四半期	31	2,186	410	2,627

1944 年 6 月末現在従業者	事務者	技術者	労務者		学徒	女子挺身隊	合計
			男	女	男		
	209	120	688	165	43	28	1,253

［出所］産業機械統制会『会員業態要覧』昭和 19 年版、1944 年、348 頁。
（注）輸送機工場（1944 年 6 月末現在の従業者 32 名）は除く。

末現在の受注残高は一一四五万円に達し、四三年度生産額の二・八倍に及んだ。[49] 四四年六月末現在の労務者数は八五三名、三七年の全従業員は約八〇名であったから、戦時期の急増を物語っていた。また労務者では一六五名の女子労働者がおり、機械工場などと比較してチェーン工場では女子労働者の割合が無視できなかった。

一九四三年二月の『東洋経済新報』は椿本チヱィン製作所について、「当社も、外国品の輸入が容易であつた当時の経営は、かなり苦難であつたことは事実である。けれども支那事変以降は輸入品の途絶と当社自体の技術的乃至は経営上の改善から、将来に飛躍する基礎を確立することが出来たのである。（中略）チエイン事業の重要性は、支那事変以降年々高められて来た。自然全国の約×割の供給を占める当社が、生産力の拡大を要請されてゐるのも当然である」[50]と報じた。

戦時期には生産品種の整理と規格統一が求められた。例えば一九四二年九月に動力用ローラチェーンの日本標準規格（JES）が定められ、品種は一〇種となった。規格制定が遅れたとはいえ、これによって生産管理の負担は軽減された。またトラックのエンジンにはサイレントチェーンが使われており、当初月一〇〇～二〇〇本程度の注文が次第に増加したため、四〇年一月に椿本チヱィン製作所は年産五万本計画を立てた。しかし材料についてリンクプレート、ピン材は国産で間に合ったものの、ライナー材はスウェーデンのサンドビック社製が必要であった。第二次世界大戦の勃発によって海路輸送ができなくなったため、シベリヤ経由で入荷したのは四一年であった。日産自動車大阪支店からは専門の督促係が派遣され、すわり込みの督促に当たった。しかし量的にも質的にも要求を満たすことはできず、日産との関係は半年ばかりで打ち切られた。失敗の原因は歯型について理論的な究明ができていなかったこと、リンクプレートの異型ライナー穴の精度およびピッチが正確にできなかったことなどであったが、結局ライナー材の輸入が途絶すると生産を中止せざるをえなかったのである。しかしイギリスのローラチェーンによる高速伝導の技術を入れ、高速伝導の分野においてもローラチェーン伝導で対処できるようになったことは進歩であった。[51]

アジア太平洋戦争がはじまると石油資源の確保が重要となり、石油鑿井機の製造が重視されるようになった。当初は新潟鉄工所、大阪機械製作所、横山工業などからチェーンと鎖車の注文があったが、四二年になると軍から鑿井機のミッションボックスの生産命令があった。椿本チヱィン製作所では四三年初から準備に着手し、八月にそれまで下請として歯車その他の機械加工を依頼していた益野鉄工所、前田製作所、西山鉄工所の三社を買収し、機械設備と人員を継承したうえで新たに機械工場を建設、ミッションボックスの生産を開始した。しかしスプラインシャフトやクラッチについては専門機械もなく、製作技術についても新潟鉄工所などの専門工場を見学して指導を受けた。[52]

航空機用チェーンは操縦系統に使用されるものが多く、精度以上に破断強度の強いこと、伸びの少ないことが要求された。戦局の推移とともに需要量が急激に増大し、戦争末期には月産一万フィートの要求に対して七〇〇〜八〇〇〇フィートの生産実績を上げた。中島飛行機、愛知航空機、川崎航空機工業、第一一海軍航空廠、第二一海軍航空廠などが主な納入先であった。当初はメーカー別、空廠別の注文であったが、後に航空本部から一年間総量の内示を受けた。また朝鮮窒素肥料からはバケットエレベータなどを主とするコンベヤの大口注文が続いた。しかしコンベヤ技術の研究開発には手が回らず、ひたすら数量の増強に追われた。[53]

一九四二年八月一日現在の椿本チエィン製作所の協力工場は表4―5の通りであった。先の益野鉄工所の名前も確認できる。ここには一七協力工場が上げられているが、協力生産率（協力生産額／全生産額）五〇パーセント以上工場

表 4-5　椿本チエィン製作所の協力工場（1942 年 8 月 1 日現在）

（人、円、%）

協力工場名	所在地	工作機械台数	工員数	全生産額 (a)	協力生産額 (b)	協力生産率 (b)/(a)
益野鉄工所	東淀川区天神橋筋	18	12	84,800	32,500	38.3
三和ゲージ製作所	大正区三軒家西	17	17	178,000	8,000	4.5
横山歯車製作所	浪速区久保吉町	33	16	115,000	14,000	12.2
浅野歯車製作所	〃　芦原町	9	7	15,000	15,000	100.0
朝日製作所	西淀川区浦江本通	57	30	155,000	155,000	100.0
（資）共五内燃機工業所	北区茶屋町	27	25	45,000	15,000	33.3
稲垣鉄工所	旭区今福町	21	29	110,000	60,000	54.5
奥山鉄工所	東淀川区長柄中通	10	6	15,000	15,000	100.0
奥川鉄工所	西淀川区御幣島町	12	17	88,000	48,000	54.5
八州自動車工業（株）	豊能郡庄内町字手立	27	35	292,000	12,000	4.1
菰下熔断所	天王寺区生玉前町	8	9	37,500	2,500	6.7
村田製作所	旭区蒲生町	41	50	75,000	15,000	20.0
ナニワ製作所	東淀川区十三西ノ町	18	18	84,000	30,000	35.7
朝日グラインダー製作所	旭区関目町	20	13	42,000	12,000	28.6
（名）野村鍍金工場	西淀川区野里町	37	48	300,000	10,000	3.3
（名）岩住鉄工所	〃　佃町	31	72	625,520	19,720	3.2
宮住工作所	東淀川区田川通	60	40	150,000	150,000	100.0

［出所］近畿地区協力工業協議会『近畿地区発註工場及協力工場名簿』昭和 17 年 8 月 1 日現在、95-97 頁。

は六工場であり、協力工場の多くが椿本チヱィン製作所の仕事だけを行っていた訳ではなかったことがわかる。

一九四二年五月の企業整備令によって企業の整理統合が進められたが、椿本チヱィン製作所は四四年三月に城東区（四三年四月に東成区北西部と旭区南部から分離して発足）鶴見町の大同印刷紙器を吸収合併した。それ以前から海軍の命令で同社工場でガソリンエンジンの緊急増産を行うことになっていた。当初は買収を考えたが、大同側では会社解散所得、および株主分配金に対する税が大きく不利となるため、吸収合併が選択された。大同の資本金は一八万円であったが、これは臨時資金調整法の適用を免れるためであり、実際の資産内容はそれ以上であった。そこで合併前に無償半額を増資し、資本金二七万円で椿本側と対等合併を行うことになった。その結果、椿本チヱィン製作所の資本金は七七七万円となり、大同印刷紙器社長の中谷捨次郎は四四年一一月に椿本チヱィン製作所監査役に就任した。[54]

当時の情勢において、設備工作機械を新規に購入することは難しくなり、既存工場を買収、合併することによって機械設備、従業員を吸収する方策が大阪府知事の斡旋を受けながら進められた。先にみた三社の買収以外にも一九四一年一二月に泉谷鉄工所（東淀川区下新庄町）と国華製作所大阪工場（同上）、四三年八月に櫛田磨鋼板製作所（城東区放出町）、九月に井上鉄工所（西淀川区大和田町）、一〇月に山本鉄工所（堺市石津町）、一二月に石井鉄工所（布施市稲田）、四四年一月に三港商会製作所（京都市伏見区桃山町）、一〇月に松村鋳造所（桑名市大字江場）を相次いで買収した。さらに四五年四月には工場疎開に関連して菱田兄弟シヤリング工場、朝日製作所杭瀬工場・大仁工場、宮住工作所十三工場からシャー、小型チェーン製作機などを買収した。以上のうち泉谷、益野、櫛田、宮住、朝日の各工場は椿本チヱィン製作所の南浜時代からの古い下請工場であり、その他の工場も協力関係工場が多かったため、買収を円滑に進めることができた。泉谷鉄工所、益野鉄工所、前田製作所、西山鉄工所の代表者である泉谷和夫、益野武夫、前田市蔵、西山善太郎は買収とともに従業員を引き連れて椿本チヱィン製作所に入社し、配属された職場で課長・主任を務め、部下とともに増産に尽力した。その他の工場の多くは分工場としてそのまま操業を継続したが、桑名分工場（元松村鋳造所）は四五年七月の空襲で被災した。[55]

おわりに

椿本工業所（商店）南浜工場が立地した一帯は「チェーン横丁」と呼ばれる自転車用チェーン生産の一大工場集積地であった。元来この地域にはランプ（洋灯）製造関連の職人が集住しており、洋灯口金生産が下火になると自転車用チェーン生産に転換する者が増加した。ランプ生産は真鍮の薄板を打ち抜き、小穴をうがち燃え芯を上下させながらつまみ管と軸を組み合わせる作業であり、チェーン生産との類似性は高く、転換は容易であった。[56]

こうした工場集積地で椿本商店南浜工場は産声を上げた。南浜工場の前経営者は大阪を代表する洋灯口金生産の三平の元職長であり、東洋チエインに移った後独立してチェーン工場を経営した人物であった。自工場が説三に買収されて南浜工場になると自らは工場長となって生産を指揮し、さらに二七年一二月に独立して田村セイコーチエイン製作所を設立した。こうした独立を繰り返す職人たちが集住する工場集積地が椿本商店南浜工場の成長を支えたのである。

一九二〇年代になって自転車用チェーン不況が長引くなかで椿本商店という商事部門を有していたことは椿本兄弟にとって大きな優位であったが、革新はそこにはなく、親戚の外交官の手を借りて海外から取り寄せた製品カタログによってチェーンの用途が無限にあることを知った説三が機械用チェーン生産に転換したことが大きかった。成果はすぐには表れず、それが姿を表すのは満洲事変期以降、とくに戦時期であった。戦時期までの生産拡大に比して従業員の増加はそれほどではなく、ここにも一九三〇年代前半の椿本チエィン製作所の生産拡大が下請外注工場に大きく依存していたことを物語っていた。

戦時期に椿本チヱィン製作所の従業員は急増し、一九四一年一月に個人経営から株式会社に組織替えする。説三は取締役社長に就任し、取締役には出光佐三、斎藤積善、山中一郎（製造部長）、大村利一の四名が就任する。出光は神戸高等商業学校の同窓生であり、説三の三年上であった。斎藤は代理店千代田組社長であった。四三年一〇月の増資によって機関投資家の比重増大、説三の持株比率の低下が生じるものの、説三は依然として所有経営者の地位を維持した。戦時期には時局産業における多くの急成長企業のガバナンス構造が大きく変化するなかで、説三は椿本チヱィン製作所に対する支配力を保持し続けた。利益金処分に際して自らへの配当を辞退することを申し出るなど、節三は戦争末期において所有者としての利害が前面に出ることのないよう慎重に行動していた。同時に生え抜きの有能な重役である山中一郎が説三を支え続けたのである。

注

1 椿本説三『椿本物語』椿本チヱィン製作所、一九六七年、五〇―七〇頁。

2 同上書、七一―八一、八九頁、および椿本チヱィン五〇年史編集委員会編『椿本チヱィン五〇年史』一九六六年、四頁。

3 椿本、前掲書、八二―八五頁、農商務省商工局編『工場通覧』一九二〇年、六八七頁、および工業之日本社編『日本工業要鑑』第一三版、一九二二年、「工場要録」五六頁。東洋チェインの設立年月については一九一七年三月説もある（大阪府立商品陳列所編『大阪優良品商工名鑑』一九一九年、二五頁）。

4 東洋チェイン『ローラーチェイン伝導』一九三四年、「沿革」。

5 椿本、前掲書、八五―九〇頁。

6 同上書、九〇―九三頁。

7 工業之日本社編『日本工業要鑑』第一一版、一九二〇年、「工場要録」七六頁。使用人一二〇名はやや疑問である。農商務省編『工場通覧』によると、一九一八年一月現在の椿本商店南浜工場の従業者数は男三〇名、女四八名であった（同上書、一九二一年、六八一頁）。

8 椿本、前掲書、九四―九七頁。

9 同上書、九八―一〇一頁。

10 同上書、一〇一―一〇五、一一〇―一一八頁。

11 前掲『椿本チヱィン五〇年史』二頁。

12 工業之日本社編『日本工業要鑑』第一六版、一九二五年、「工場要録」一四五―一四六頁。

13 大阪市役所産業部『大阪市工場一覧』一九二七年。

14 工業之日本社編『日本工業要鑑』第二三版、一九三一年、「工場要録」二〇六頁。

15 工業之日本社編『日本工業要鑑』第一九版、一九二八年、「工場要録」二〇五―二〇六頁。

16 「『リンクベルト』会社」（アジア歴史資料センター、Ref. B08061120800）。

17 椿本、前掲書、二九、一一九―一二〇頁。

18 同上書、一二一頁。

19 同上書、一二四―一二九頁。
20 同上書、一二九―一三二頁。
21 同上書、一三五―一三六、一三八頁。
22 前掲『椿本チヱィン五〇年史』一九頁。
23 大村利一「山中一郎君を語る」（椿本チヱィン編『山中一郎追憶集』所収、一九七〇年）三七五―三七八頁。なお山中は神戸高商時代の一九二五年に第七回極東オリンピックのバレーボールチームの選手としてマニラに遠征した（同上書、口絵写真）。
24 同上書、三七九頁、および椿本チヱイン一〇〇年史編集委員会編『椿本チヱイン一〇〇年史：未来へつなぐ：一九一七→二〇一七』二〇一六年、三四頁。
25 椿本、前掲書、一四三―一五〇頁。
26 岡誠二「身辺次第に淋し」（椿本チヱィン編、前掲書、一九七〇年）二七頁。
27 町居文吉「山中社長を偲んで」（同上書）一七二頁。
28 大阪市役所産業部『大阪市工場一覧』一九三三年版、および一九三八年版。
29 工業之日本社編『日本工業要鑑』第二六版、一九三五年、「工場要録」一二一頁。
30 岡、前掲記事、二八―二九頁。
31 前掲『椿本チヱィン五〇年史』二五―二七、三一―三二頁。
32 同上書、三二―三四頁。
33 同上書、三五―三七頁。
34 同上書、三七―三八頁。
35 同上書、四一―四二頁。
36 同上書、四三頁。
37 同上書、四五―五二頁。
38 「第三号議案　株式会社椿本チヱィン製作所設立認可申請ノ件」（臨時資金審査委員会『臨時資金審査委員会関係書類』所収、自昭和一六年一月至昭和一六年三月、アジア歴史資料センター、Ref. A05021191500）。

39 前掲『椿本チヱィン五〇年史』五三―五五頁。
40 大村、前掲記事、三八四頁。
41 前掲『椿本チヱィン五〇年史』五三―五四頁、巻末「歴代役員在任表」、および人事興信所編『人事興信録』第一三版、上下巻、一九四一年。
42 持株整理委員会「会社調査票　椿本チヱィン製作所」昭和二二年九月末日調（『持株会社整理委員会等文書・管理有価証券処分回議書（1）・株式会社椿本チヱィン製作所』所収、アジア歴史資料センター、Ref. A04030160900）、および椿本チヱィン製作所『営業報告書』各期。
43 大村、前掲記事、三八八―三九〇頁。
44 椿本チヱィン製作所『第七期営業報告書』一九四四年三月期、二頁。
45 大村、前掲記事、三九五―三九七頁。
46 前掲『椿本チヱィン五〇年史』五九―六一頁。
47 同上書、六〇、六二―六三頁。
48 同上書、六三―六四頁。
49 産業機械統制会『会員業態要覧』昭和一九年版、一九四四年、三四八頁。
50 「膨張途上の椿本チヱイン」（『東洋経済新報』一九四三年二月六日号）二七―二八頁。
51 前掲『椿本チヱィン五〇年史』七〇―七二頁。
52 同上書、七二―七三頁。
53 同上書、七三―七五頁。
54 同上書、五七―五八頁。
55 同上書、五八―五九頁。
56 同上書、二頁。

第五章

桑田権平と日本スピンドル製造所

はじめに

一九世紀末期のアメリカ合衆国でハイスクール、続いてウースター工科大学を卒業し、九年間の留学生活を終えて帰国した桑田権平は大阪砲兵工廠、川崎造船所、大阪瓦斯、日本染料製造勤務を経て一九一八年に四八歳で自工場を開業する。その後約二〇年間、権平はこの日本スピンドル製造所の経営を指揮し紡績機械部品の国産化に大きな足跡を残しただけでなく、経営不振に陥った他社の経営再建でも手腕を発揮し、さらに幅の広いフィランソロフィー活動も展開した[1]。

本章ではこうした桑田権平の足跡を辿りつつ、日本語を忘れるまでに馴染んだアメリカでの経験がその後の権平の技術者、経営者としてのキャリアにどのような影響を与えたのか、また日本スピンドル製造所による紡績機械部品の順調な国産化を可能にした条件とは何だったのかを検討してみたい。

図5-1　スピンドルを研究していた頃の桑田権平（写真はいずれも日本スピンドル100年史編纂委員会編『日本スピンドル100年史 1918-2018』2018年からの転載）

一　生誕から大阪砲兵工廠退官まで

桑田権平は一八七〇年一〇月七日に東京市麴町三番町で生まれた。[2] 医者であった父衡平は母貞との間に二男三女をもうけた。次男の権平は最初番町学校に行き、次に慶應義塾の幼稚舎に入って寄宿し、二、三年後には神田の共立学校に通った。英語は共立学校で学んだ。アメリカ人鉱山技師B・S・ライマンの助手を務めた叔父の桑田知明が八四年に北海道炭礦の測量図を完成させるため、ライマンの元に渡米する際に権平も同道してアメリカの学校で学ぶことになった。ライマンが住むマサチューセッツ州ノーザンプトンに到着するとと桑田はライマンの紹介でエリザベス・クラーク女史の私学校に二年間余預けられ、八七年にノーザンプトン・ハイスクールに入学した。ここで三年間学んだあとアマースト文科大学とウースター工科大学(Worcester Polytechnic Institute)[3]を受験し両方とも合格したが、桑田は九〇年に後者の機械工学科に入学した。同校の「機械科に於ける初年度は、普通教養学科と鋳型製作の実習でした。二年、三年と進むに従い、鍛工、鋳工、器械作業、仕上、組立、そして終りに工場経営事務の研究という順を追うので」[4]あった。

一八九三年六月にウースター工科大学を卒業した桑田はシカゴで開催中だったコロンブス記念博覧会を一週間見物した後、九年ぶりに帰国の途に就いた。留学九年間のうちに日本語を忘れてしまった桑田は、留学の後年は自宅への通信も英語で行うようになっていた。帰国後一年をしてようやく会話にも不自由がなくなった桑田は親戚同様の交際をしていた石黒忠悳《ただのり》子爵の紹介で大阪砲兵工廠提理太田徳三郎[5]大佐との面会の機会を与えられ、同工廠に勤務することになった。まもなく日清戦争が勃発し、提理はじめ多くの将校がフランス語に堪能であったが英語のできる者は少なく、材料および機械の売り込みに工廠を訪れる英米人の応接はもっぱら桑田の仕事であった。また「当時製造工場の職工は、各自思い思いに自己の使用する工具を鍛造研磨し工具規格がなく、その工具の作り方の巧拙が、直ぐ製品の良否と生産の増減に懸った」ため、桑田は「工具の作り方を各製造作業毎に最も適当な形と切れ味、取付け方に定めて置き、これらを多数造り置き、各工具《ママ》へ自由に貸与し、それが損ずると修理し、良品と取り替えてやる」ように改めたが、桑田によればこの制度（工具標準製作制度）は「米国ではテイラー・システムと称えて数年前から採用されて居り、私がウスター工業大学の工場でよく視て居た」ものであった。[6]

一八九九～一九〇〇年に桑田はパリ万国博を見学する太田提理の随員として欧米出張を命じられるが、アメリカでは高田商会の広田理太郎と大倉商事の門野重九郎がサンフランシスコまで迎えに来ており、イギリスに渡るまで随行してくれた。昼は工場の見学、夜は購入機械の調査と見積りなどで夜中まで協議を重ね、この時の購入が日露戦争直前の大拡張に大きく貢献することになった。[7]

二　川崎造船所入所からスピンドルの製造開始まで

一九〇三年に桑田は工作機械製造を企図して大阪砲兵工廠を退官する。当初父衡平は独立自営に賛成したものの、近親者の反対もあって結局この試みは実現せず、同年に川崎造船所社長松方幸次郎の懇望によって同所に入所することになった。松方は桑田が工具標準製作制度を設けたのを知っており、これを川崎でも実行したい希望を有していたのである。入社早々日露開戦となったため工具制度の導入は後回しとなり、造機部器械工場主任となった。しかし桑田が入所したころの現場は「親方制度とは太田二三郎、小森嘉一の如きが入職する職工を五年の期限契約の年期奉公として雇入れ自分等に直属せしめていました。給料は一日十三銭から初め昇給は全く自分等の手中に握り、年期が明けると勝手に他工場へ修行に出し、都合がよければ再び我手許へ入職せしむる」といった状態にあった。技師長の了解をえて工場改革に乗り出した桑田は、「監督者は総べて工場内に机を持出し、椅子を廃して佇立しながら事務を扱うことにし、作業の進行は伝票を用いて行う」こととした。[8]

はじめのうちは「監督者が職工に作業を命じても親方の許可が無ければ着手せず」、「大学卒業早々の若い技師連中も手の下し様が無く、唯黙々と工場内を巡回しているのみであり」、「請負価額は親方の目読一つで決定せられ、給料は各職工の手に渡されず親方が受け取って各人へ分配する」状態であったが、「これを改める為には作業の精粗、使用機械の能力、材質の硬軟を考慮して各作業に就き所要時間を予定して伝票にこれを記入して職長、組長等を通して各工員に仕事を分担せしめる事とし、予定を超過しても責めを問わず予定以内で成就すれば節約時間の二分の一を割増して、支給することと」した。その結果「初めは親方の意見が出て、時には予定時間を改むるの余儀無くせられた事もあ」ったが、「追々監督の経験が積みまして、工作物の図面が出ますとその各部分に就いて所要の作業に準じ予定を前以て組み置き準備する事が出来るようになって工場全体を通じて仕事の速度が一段と進められ、作業の工率も大いに能くな」ったのである。[9]アメリカで学んだ工場管理諸手法を導入しつつ親方請負制を解体することによって、桑田は川崎造船所の工場改革に大きな成果を上げた。こうして作業制度が整備されたのち、桑田は松方社長の希望であった工具製造工場と配給制度に着手し、これを戦時中に完成させた。

一九〇九年に桑田は川崎造船所を辞し、一二年にウースター工科大学の先輩である下村孝太郎の勧めで大阪瓦斯に入り、供給部長に就任する。一六年には片岡直輝社長の命によって大阪瓦斯の傍系会社である日本染料製造株式会社（技師長は下村孝太郎）の建設工事に従事し、そのまま同社に勤務したが、翌年には退社し、念願のスピンドル製造に取り組む決心をした。第一次世界大戦直後においても、紡績機械部品の国内生産は「『リング』及『スピンドル』ノ品質モ外国品ノ如ク精良ナラス『リング』ノ如キ硬度不適当ニシテ其ノ大サニ不同アルモノアリ」[10]といった状況であり、桑田はここにビジネスチャンスの存在をみたのである。

しかし紡績作業に関する知識が乏しかった桑田は高田商会に勤務していた旧友の船越牧太郎に依頼してスピンドルの見本を借り受け、自宅で研究

図 5-2　改装前の第 1 工場

戦後は製品の梱包、出荷場で、その一部に事務所があった。その事務所の跡に建てられたのが左の記念標で、現在は第 1 工場の東側壁面にはめ込まれている。

した。[11] たまたま隣家に大日本紡績取締役技師長の松村諦成がおり、松村から立場上出資はできないが製品の検査指導には協力したいとの激励を受けたこともスピンドル製造に踏み出す一因となった。

一九一七年七月に川崎造船所の元旋盤工の小田梅鎚が難波新川で工場を自営していたため、桑田はそこに試作を依頼した。一方で十五銀行から三〇〇〇円の融資を受け、同行難波支店に当座を開いた。試作中に川崎の工具工場の元組長であった荻野卯之助を雇い入れ、荻野が見つけた大阪府西成郡浦江の小工場を借り受け、これを浦江製作所として開業したのが一八年四月であった。試作品を紡績会社に納入する営業は中倉友七が担当し、工作の監督者には大阪瓦斯の供給部で図工として働き夜学でも学んだ堀場俊吉を採用した。続いて松方幸次郎の勧めにより一九年六月に合資会社に改組し、両名の折半出資で資本金を一五万円とした。[12]

三　日本スピンドル製造所の経営展開

(1) 日本スピンドル製造所の事業展開

一九二〇年四月に社名を合資会社日本スピンドル製造所と改称し、資本金を三〇万円に増資した。また同月には生産体制強化のために兵庫県川辺郡小田村に用地を確保し、九月には第一工場が完成し、神崎工場と呼ばれた。[13] 神崎工場の監督者の一員として二一年一月に堀場蓁が入所し、工場の設備設計および製品試験の専任者として二二年二月に睦月弁蔵が入所した。

一九二一年二月からスピンドルとともにリングが日本スピンドル製造所の主要製品となった。二一年におけるリングおよびスピンドルの主要専門メーカーは日本スピンドル製造所（職工数一一〇人）、梅田製鋼所（三重県名張、職工数八五人）、紡績機具製造株式会社（名古屋、払込資本金二五万円、職工数四〇人）の三社であり[14]、早くも日本スピンドル製造所がこの分野におけるフロントランナーの地位を築きつつあった。しかし二一年においても製品に対する農商務省工務局の評価は依然として、「『リング』及『スピンドル』ノ製造ハ進歩シタルモ品質ハ概ネ外国品ノ如ク精良ナラス[15]」といったものであり、技術的キャッチアップが大きな課題となっていた。

桑田は中国の在華紡・民族紡への販路拡大にも注力した。その際には大日本紡績社長の菊池恭三が販売先を紹介してくれることもあり、また三井物産上海支店機械主任の古市勉の援助によって製品納入の代理を物産が引き受けてくれることになった。すでに鐘淵紡績、倉敷紡績、東洋紡績などから受注が相次ぐようになっていたが、二一年には内外綿に初輸出を行った。同年一〇月には第二工場を建設し、製品検査を厳重にするためリミットゲージシステムを確立し、検査場も建設した。日本スピンドルでは創立以来工作作業については請負制を、材料運搬、検査、荷造り、焼入れなどの作業に対しては常雇給制度を採用しており、また営業部と工務部の連絡を円滑にするため、いわゆるルーティングスケジュールが作成され、毎月の作業順序を告知して納期管理の徹底を図っていた[16]。

スピンドル製造にとって軸用鋼材の選定が重要であったが、桑田の知己であるセール商会の杉浦正人の斡旋によって、日本スピンドルはイギリスで使われているジョナス・コルバー社のスピンドル用特殊鋼（炭素鋼）を入手することができた。[17] 軸受と滑車の鋳鉄の質も問題であったが、これについては大阪のある鋳工所が熱心に研究してイギリス品に劣らない良質の鋳物を供給してくれ、これを日本スピンドルで適度に焼鈍して使用した。さらにハイスクール時代からの友人で羊毛混成織布工場を経営していたコミンズから寄せられたスピンドル製造に関する技術情報もきわめて貴重なものであった。良質なスピンドルを生産するうえでこうした権平の人的ネットワークが大きく貢献していたのである。桑田はアメリカ出張の際に有名な紡績機メーカーであるホワイティン社の見学を希望したが、同社が豊田と特約を結んで紡織機製造を開始していたため許可されなかった。[18] しかしサコ・ローエル社では知人がいたため工場内の見学を許され、アメリカ式スピンドルの特徴とこれに対抗する自社製品のあり方について認識を深めることができた。

一九二三年にプラット社の鑑定によって日本スピンドルのスピンドル、リングが同社製より優良であることが認められ、二月には鐘紡から大口発注を受けた。この年の従業員は浦江工場六〇人、神崎工場五七人、一二月の生産量は両工場合計でスピンドル九〇〇〇錘、リング六〇〇〇個であった。[19] 二六年三月に第三工場（研磨工場）を建設し、八月には二工場体制の不便を解消するため浦江工場を閉鎖し、従業員・設備を神崎工場に統合した。表5―1にあるように二七年の神崎工場の職工数は二一〇名を数えた。二九年六月に第四工場を建設してフリューテッドローラ（筋ローラ、後述）専用工場とし、一〇月には第五工場を建設してスピンドル組立・運転工場とした。

一九二〇年代末期のスピンドルの国内専門メーカーとしては日本スピンドル製造所、梅田製鋼所、金井トラベラー製造所があり、[20] 国産品の評価も「近年国産品の品質大いに向上して殆ど輸入品に匹敵するまでに至れるも、尚未だ全く遜色なしと言ひ難く、但し関税の関係上価格の点に於いて彼品を凌ぎつゝあり」と二〇年代初頭と比較して高まっており、将来の展望としては「需要量に対する生産額の点から見ても斯業発達の余地充分に存すと言ふべく（中略）今後の国産斯業の発達は必ず遠からざる将来に於いて完全に輸入品を駆逐し得べし」と期待された。[21]

昭和恐慌期には日本スピンドルも製品の価格低下を余儀なくされた。一般に「紡織機市価に於ては前期中（二九年七月〜三〇年六月─引用者注）金解禁断行後輸入品に対抗すべく極力値下げを行ひたる後とて本期（三〇年七月〜三一年六月）中は左したる変動無きも、一割程度の低下は見うけられたり」と評され、兵庫県における紡績機部分品市価は前期と本期を比較するとスピンドル（一本）は一・〇五円から〇・八五円、インナー・チユーブ（一個）は〇・一七円から〇・一五円、リング（一個）は〇・四一円から〇・四〇円に低下した。[22] 表5─1に示されているように職工数も二九年の二六三名が三一年一〇月には二三三名に減少した。

昭和恐慌直後の一九三二年に日本スピンドルは豊田自動織機製作所と豊田式織機から大量受注した結果、表5─2にあるように一二月の受注残高は飛躍的に伸長し、スピンドルは三九万錘、リングは

表 5-1　日本スピンドル製造所の拡張

（人、台、坪）

年月	社員	職工	電熱炉	焼入炉	旋盤	研磨盤	敷地	建物
1922 年末		73						
1927 年	21	210	2	7	112	57	4,880	960
1929 年	23	263	2	8	132	60	5,756	1,320
1931 年 10 月		233(7)						
1933 年	29	420		21	140	107	5,756	1,514
1936 年 10 月		843(90)						

［出所］1922 年・31 年・36 年：協調会編『全国工場鉱山名簿』1924 年、32 年、37 年（日本図書センター復刻版、2006 年）、1927 年・29 年・33 年：工業之日本社編『日本工業要鑑』第 18 版、第 20 版、第 24 版、1927 年、29 年、33 年。

（注）（1）1922 年末は神崎工場。

（2）職工の（　）内は女工、内数。

五六万三〇〇〇個におよんだ。桑田によると「昭和八年頃ヨリ本邦ニ於ケル紡機ノ製造愈々盛ナルニ当リ我社製品ノ大量要求アリシハ豊田自動織機ノ豊田喜一郎氏ト豊田式織機ノ野田誠一氏ノ両重役ニ負フ処大ナリ。盛況時代ニハ我社生産ノ六割ハ右両社ノ需用タリキ」といった状況であった。[23] 表5―2の生産額は小田村における「紡錘及附属品」生産額であるが、同村のスピンドル生産は全量日本スピンドルによるものであるため同社の生産額とみなしてよい。三二年以降日本スピンドルの生産額が急増を続けている様子がうかがわれる。三四年二月には梅田製鋼所の伊丹工場が川辺郡伊丹町に設立され、[24] 小田村（三六年に尼崎市に編入）の日本スピンドル、尼崎市の金井トラベラー製造所と紡績機械部品生産の主要三社が近傍に集結していた。

一九二七年上期～三九年上期における三井物産機械部の納入業者別大日本紡績向売約高をみると、上位に日本スピンドルは登場せず、第七位に梅田製鋼所（二件・二八万円）が位置していた。[25] 日本スピンドルの販売は「支那方面ノ顧客ハ初メヨリ三井物産ノ助力ニ頼リタル事多ク我社直接ニテハ因ヨリ遂行難キニヨリ三井系統ノ紡績用品社ヘ委ヌル事ト」し、同時に「関東方面ニアリテハ東京ノ千代田組ニ委ネ」[26]、国内主要ユーザーに対しては直接納入体制を敷いたのである。[27]

表 5-2　受注残高、1 カ月間受注高、および生産額

年月	受注残高（個数）		年月	1 カ月間受注高（個数）		年	生産額（円）
	スピンドル	リング		スピンドル	リング		
1925 年 3 月	52,100	40,600	1932 年 6 月	140,000	250,000	1931	507,323
1928 年 10 月	33,500	67,100	1932 年 11 月	137,000	149,000	32	548,782
1932 年 12 月	390,000	563,000	1935 年 4 月	82,000	170,000	33	959,750
1933 年 12 月	690,000	773,000	1937 年 11 月	280,000	150,000	34	1,464,925
1934 年 2 月	845,000	937,000	1938 年 2 月	2,495	15,800	35	1,969,722
1938 年 5 月	776,000	1,321,000					

［出所］桑田権平『日本スピンドル製造所略伝』日本スピンドル製造所、1939 年、19-20 頁、および小田村役場編『小田村勢』1936 年、108 頁。
（注）生産額は小田村の「紡錘及附属品」生産額。

表5―3に示されているように紡績機械部品の活況は日中戦争がはじまる三七年まで続き、日本スピンドルの活発な生産活動は中国向け輸出によっても支えられていた。この時期日本スピンドルではスピンドル、リング、フリューテッドローラいずれもその売上げを大きく増加させたが、大阪機械製作所では「支那紡が昨今漸く精紡機の高速化を計画せる為これに備え、フリューテッド・ローラーの製作」[28]を上海工場で行う計画を進めていた。

日本スピンドルでは一九三三年七月に第六工場が建設され、旺盛な受注を背景に社業の一層の飛躍を期して三四年七月に株式会社組織に改組し、資本金を一〇〇万円とした。株式会社化は今村奇男[29]の発案であり、取締役社長には桑田権平、取締役には伊藤忠兵衛（伊藤忠商事・社長）[30]、菊池文吾（日本レイヨン・取締役）、寺田甚吉（岸和田紡績・社長）、堀場秦、堀場俊吉、横山竹五郎[31]、監査役には松方正雄（加島信託・取締役）、野崎誠一（豊田式織機・取締役）、豊田喜一郎（豊田自動織機製作所・常務取締役）、相談役には飯尾一二（大阪合同紡・元社長、東洋紡績・相談役）、長尾良吉（神戸瓦斯・取締役、ベルベット石鹸・取締役）、松村諦成（大日本紡績・取締役）、今村奇男（大日本紡績・常務取締役）が就任し、三九年九月に権平が社長を辞めるまでこの重役構成に変化はなかった。[32]なお株式会社改組時の工員数は五三四名であり、[33]三三年の四二〇名から大きく増加していたことが分かる（前掲表5―1参照）。表5―4にある

表 5-3　日本スピンドル製造所の納品実績

年次	スピンドル（千錘）	リング（千個）	フリューテッドローラ（連）
1934	828	1,307	4,274
35	769	946	5,777
36	1,236	1,612	4,978
37	1,656	2,504	10,267
	385	535	2,654
38	419	764	3,529
38	162	427	1,092
1940	86	214	1,435
41	22	181	1,806

［出所］日本スピンドル製造株式会社編『創立50周年』1968年、17頁。
（注）1937年の下段は中国向け輸出。

表 5-4　日本スピンドル製造所の貸借対照表

(千円)

項目	1934年11月	1935年5月	1935年11月	1936年5月	1936年11月	1937年11月	1938年5月	1938年11月	1939年5月	1939年11月	1940年5月	1940年11月
払込資本金	1,000	1,000	1,000	1,000	1,375	1,375	1,375	1,750	2,125	2,500	2,500	2,500
法定積立金		10	20	30	45	80	95	115	125	140	150	160
別途積立金		20	50	80	100	170	210	260	280	310	325	335
特別積立金		10	20	30	40	60	70	80	90	100	110	115
退職手当準備積立金						16	23	29	35	41	45	52
買掛金	18	30	16	20	63	65	31	34	38	42	142	139
荷為替手形						7						
支払手形									350	600	900	1,500
未払金	33	92	99	36	125	122	229	169	148	101	96	52
納税引当金												54
仮受金				6	8		65	59			493	435
前期繰越金		12	21	26	38	86	103	116	118	63	70	73
当期純益金	102	109	105	207	140	151	162	129	155	157	116	197
合計	1,153	1,283	1,331	1,435	1,934	2,132	2,363	2,741	3,464	4,054	4,947	5,612
土地		133	133	133	133	166	204	266	283	283	283	283
建物	192	77	89	93	83	107	93	116	104	122	266	298
機械		223	234	256	241	321	393	503	660	723	1,513	1,528
器具什器	216	2	3	3	2	3	3	7	7	8	18	42
特許権	347	312	242	192	132	40	20	20	20	20	20	20
諸出資金												5
得意先	115	210	252	230	427	213	345	403	446	306	430	
材料		118	102	154	109	299	540	689	592	589	644	855
準備品		13	13	16	17	52	83	211	243	334	367	468
半製品	121	64	93	117	92	134	119	191	182	333	542	631
売掛金												858
受取手形												4
仮払金	20	20	10	3	16	91	200	162	676	1,127	455	337
有価証券										13	13	13
銀行預金		109	159	237	670	689	323	141	209	154	345	171
退職手当準備積立預金						16	23	29	35	41	45	52
現金	141	1	-	2	13	1	19	4	6	4	8	38
未経過経費												6
作業屑												2
合計	1,152	1,282	1,330	1,436	1,935	2,132	2,365	2,742	3,463	4,057	4,949	5,611

[出所] 日本スピンドル製造所『営業報告書』各期。ただし 1934 年 11 月期は安藤仁隆編『銀行会社要録』第 39 版、東京興信所、1935 年。

(注) 1937 年 5 月期は資料未見。

ように株式会社への改組後も総資産は順調に増加し、資金調達については自己金融中心であり、支払手形がバランスシートに登場するのは三九年五月期になってからのことであった。戦時期になると機械設備への投資が目立つが、表5―5にあるように民需品から軍需品生産への転換によって製造販売益金規模はやや縮小し、当期純利益金の動きも企業規模の拡大に比例していた訳ではなかった。[34]

好調な受注を消化するため設備拡張が続き、一九三四年一一月に第七工場、三五年に第八工場（研究工場）、第九工場（リング工場）、第一〇工場（熱処理工場）、第一一・一二工場（研磨工場）が相次いで完成した。ちなみに三五年の兵庫県の紡織機械器具生産額のうち「部分品及附属品」生産額は三二四万円であったが、川辺郡の生産額が二六六万円であり、次が神戸市の三七万円であった。[35] なお三五年三月には欧米にも先例がない紡績機械部品の規格統一が協定されたが、この規格統一に関しては三大紡および梅田製鋼所と日本スピンドルが協議を重ね、スピンドルとリングについては日本ス

表 5-5　日本スピンドル製造所の損益

（円）

	1934年11月	1935年5月	1935年11月	1936年5月	1936年11月	1937年11月
製造販売益金		288,679	422,568	404,792	480,870	355,579
雑収入及利息		8,435	10,068	11,539	22,740	53,744
計		297,114	432,636	416,331	503,610	409,323
営業諸費		128,563	229,177	128,693	267,967	201,249
営業外損費						
諸償却金		60,000	98,000	80,500	95,500	57,000
計		188,563	327,177	209,193	363,467	258,249
当期純利益金	102,338	108,550	105,459	207,137	140,144	151,074

	1938年5月	1938年11月	1939年5月	1939年11月	1940年5月	1940年11月
製造販売益金	425,108	233,237	369,055	319,523	249,810	249,610
雑収入及利息	46,075	58,136	57,489	42,872	46,396	59,335
計	471,183	291,373	426,544	362,395	296,206	308,945
営業諸費	218,563	117,013	221,474	165,466	150,284	83,323
営業外損費						28,901
諸償却金	90,500	45,500	50,500	40,000	30,000	
計	309,063	162,513	271,974	205,466	180,284	112,224
当期純利益金	162,119	128,860	154,569	156,929	115,922	196,722

［出所］表5－4に同じ。

ピンドル案が最終決定となった。これは三社標準と呼ばれ、戦後におけるJIS制定の母胎となった。[36]

日本スピンドルは一九三六年三月に資本金を二五〇万円に増資したが、一〇〇万円は現株主に割り当て、五〇万円分は紡績関係者に割り振った。[37] この年には日清紡績からローラベアリングスピンドル四〇万錘（単価二円五〇銭）を受注するなど注文が殺到し、三七年にかけて昼夜二交代制を採用した。前掲表5―1にあるように好調な業績を反映して三六年の職工数は男子七五三名、女子九〇名、合計八四三名に増加していた。[38] また三六年一一月現在で大阪府立西野田職工学校仕上科卒業生七名が日本スピンドルに勤務していることが確認できる。[39] 創業以来一貫して桑田が技術面をリードしたが、三三年には京都帝国大学工学部採鉱冶金学科卒の八木禄郎が入社して窒化鋼の製造主任となり、[40] 日常の管理業務では中等工業教育を修めた技術者が重要な役割を果たした。

戦時期に入ると日本スピンドルの業態も大きく変容することになり、紡績機械部品に代わって次第に軍需品生産の比重が高まっていった。一九三七年には窒化鋼および窒化鋳鉄事業を開始し、製鋼第一工場を建設した。また同年には海軍航空機用爆弾発火装置の製造を開始した。なお三七年七月には青年学校令にもとづいて日本スピンドル青年学校が開設され、養成工制度が開始される。[41] 三八年には陸軍の対戦車砲弾丸信管装置の生産を開始し、三九年には窒化鋼生産設備としてフランスから八〇〇トンプレス、アメリカのエルー社から四トン電気炉二基を輸入し、また製鋼第二工場も建設された。

民需生産から軍需生産へと日本スピンドルの生産体制が大きく切り替わる一九三九年九月に桑田は社長を辞任し、[42] 代わって後任社長に豊田喜一郎が就任する。表5―6にあるように桑田の退任によって日本ス

（株）

1938年5月			1938年11月			1939年5月			1939年11月			1940年5月	1940年11月
旧株数	新株数	合計	旧株数	新株数	合計	旧株数	新株数	合計	旧株数	新株数	合計		
4,200	5,100	9,300	6,600	7,500	14,100	6,500	7,500	14,000	1,000		1,000	1,000	1,000
2,400	2,400	4,800											
2,000	2,000	4,000	2,000	2,000	4,000	2,000	2,000	4,000					
1,000	1,000	2,000	1,000	1,000	2,000	1,000	1,000	2,000	2,400	2,600	5,000	5,000	5,000
									2,150	2,850	5,000	5,000	5,000
1,000	1,000	2,000	1,000	1,000	2,000	1,000	1,000	2,000	2,700	3,300	6,000	6,000	6,000
1,000	1,000	2,000	1,000	1,000	2,000	1,000	1,000	2,000	3,000	3,000	6,000	6,000	6,000
600	900	1,500	600	900	1,500	600	900	1,500	700	1,300	2,000	2,000	2,000
									300	700	1,000	1,000	1,000
500	500	1,000	500	500	1,000	500	500	1,000	500	500	1,000	1,000	1,000
	200	200		200	200		200	200		200	200	200	200
500	500	1,000	500	500	1,000	500	500	1,000	500	500	1,000	1,000	1,000
500	500	1,000	500	500	1,000	500	500	1,000	500	500	1,000	1,000	1,000
500	650	1,150	500	650	1,150	500	650	1,150	50	200	250	250	250
600	650	1,250	600	650	1,250	600	650	1,250	150	200	350	350	350
600	750	1,350	600	750	1,350	600	750	1,350	150	300	450	450	450
300	700	1,000	300	700	1,000	300	700	1,000	300	700	1,000	1,000	1,000
100	100	200	100	100	200	100	100	200	1,600	1,400	3,000	3,000	3,000
15,800	17,950	33,750	15,800	17,950	33,750	15,700	17,950	33,650	16,000	18,250	34,250	34,250	34,250
20,000	30,000	50,000	20,000	30,000	50,000	20,000	30,000	50,000	20,000	30,000	50,000	50,000	50,000

ピンドルの大株主構成にも大きな変化が生じた。権平と妻勝子保有分一万八〇〇〇株は権平保有の一〇〇〇株のみとなったため、その差一万七〇〇〇株および横山竹五郎、堀場秦、堀場俊吉の減少分二七〇〇株が他の大株主に移動したが、増加したなかでは菊池文吾・辰雄の八〇〇〇株、寺田甚吉の四〇〇〇株、豊田喜一郎の四〇〇〇株、井上富三の二八〇〇株などが上位を占めた。また三九年には関東における日本内燃機と並んで、関西では日本スピンドルが海軍航空機の発動機用補機類の生産を開始した。四〇年一〇月一二日に日本内燃機社長寺田甚吉と日本スピンドル製造所社長豊田喜一郎との間で合併仮契約が調印され、一〇月三〇日には豊田喜一郎が辞任して寺田甚吉が後任社長に就任した。四一年四月に両社は合併して日本内燃機となり、四三年四月には紡機部品の生産を完全に中止して軍需品生産に専念することになった。

表 5-6　日本スピンドル製造所の大株主

氏名	1934年11月	1935年5月	1935年11月	1936年5月	1936年11月			1937年11月		
					旧株数	新株数	合計	旧株数	新株数	合計
桑田 権平	7,000	4,500	4,500	4,500	4,500	5,100	9,600	4,200	5,100	9,300
小林 儀三郎		2,400	2,400	2,400	2,400	2,400	4,800	2,400	2,400	4,800
桑田 勝子	2,000	2,000	2,000	2,000	2,000	2,000	4,000	2,000	2,000	4,000
菊池 文吾	1,000	1,000	1,000	1,000	1,000	1,000	2,000	1,000	1,000	2,000
菊池 辰雄										
寺田 甚吉	1,000	1,000	1,000	1,000	1,000	1,000	2,000	1,000	1,000	2,000
豊田 喜一郎	1,000	1,000	1,000	1,000	1,000	1,000	2,000	1,000	1,000	2,000
伊藤 忠兵衛	1,000	600	600	600	600	900	1,500	600	900	1,500
伊藤 竹之助										
安川 雄之助	500	500	500	500	500	500	1,000	500	500	1,000
野崎 誠一	500	500	200	200		200	200		200	200
松村 諦成	500	500	500	500	500	500	1,000	500	500	1,000
今村 奇男	500	500	500	500	500	500	1,000	500	500	1,000
横山 竹五郎	500	500	500	500	500	650	1,150	500	650	1,150
堀場 蓁	500	500	500	500	600	650	1,250	600	650	1,250
堀場 俊吉	500	500	500	500	600	750	1,350	600	750	1,350
長尾 良吉	300	300	300	300	300	700	1,000			
長尾 誠三								300	700	1,000
井上 富三		100	100	100	100	100	200	100	100	200
小計	16,800	16,400	16,100	16,100	16,100	17,950	34,050	15,800	17,950	33,750
合計	20,000	20,000	20,000	20,000	20,000	30,000	50,000	20,000	30,000	50,000

［出所］第 1 回は前掲『日本スピンドル製造所略伝』120 － 122 頁、第 2 回以降は『営業報告書』各期。
（注）いずれかの期において 1000 株以上を保有した株主をすべて表掲。

寺田財閥が機械工業に関心をもつのは甚与茂の長男である甚吉が一九三一年に寺田合名社長を継承してからのことであり、三七年五月には日本航空工業（社長は寺田甚吉）を設立する一方、同年七月には日本内燃機を大倉財閥から買収し、甚吉が同社社長に就任する。また日本航空工業の取締役には堀場俊吉、相談役には桑田がそれぞれ就任している。[43] 日本内燃機では三八年一〇月に資本金が二〇〇万円から五〇〇万円に増資され、続いて四〇年九月には倍額増資して一〇〇〇万円となった。日本内燃機の取締役には豊田喜一郎、相談役には今村奇男が就任しており、四一年四月の合併前から日本スピンドルと日本内燃機は日本航空工業も含めて寺田財閥の傘下にあったといえる。[44] 桑田の社長退任もこうした状況のもとで生じたのである。

（2）日本スピンドル製造所の技術革新

一九二二年二月にリングの製品化が完成し、スピンドルとともに主要製品となった。[45] 二五年にはフリューテッドローラ（ネジ継ぎ式）の生産を開始し、二八年六月にはＳＫＦ社代理店（ドイツ）とＳＫＦ式ローラベアリングインサート付スピンドルの技術提携契約を締結した。[46] 日本スピンドルは世界における同製品の最大数量を生産し、日清紡績への納入数だけでも一〇〇万錘におよんだ。続いて二九年四月にフランスのオーベル・エ・デュバル社と窒化鋼の使用ならびに硬化法に関する技術提携契約を結び、窒化リング開発の端緒を開くことになった。[47]

一九三一年一月にはアメリカン・ガスファーネス社より回転滲炭焼入炉を輸入したが、これがのちの軍需生産の際の熱処理作業に威力を発揮することになる。また二月には窒化炉工場を建設し、六月には窒化硬化法による窒化リングを開発した。三二年になると艶消リングであるＮＳリングが開発され、八月から発売されたが、本製品によって従来の鏡面磨きリングにおける低速回転のならし運転の非効率がなくなり、紡績業の生産性向上に大きく貢献することになった。[48] 本製品は粗面リングの端緒であり、後年に開発したＮＳ―Ｏリング、ＳＳリングなど世界に誇るリング開発の端緒となるものであった。三三年三月には桑田のアメリカ人の友人であるローソンとローソンスタータ（摩擦式始動器）に関する技術提携契約を結び、ＮＳローソンスタータの製造販売を開始した。

一九三六年九月にオーベル・エ・デュバル社と窒化鋼および窒化鋼鋳物製造法に関する技術提携契約を結び、窒化鋼事業の準備に入った。続いて三七年にはオーベル社の仲介でフランスのドウモラン社とアルミニウム合金ピストン、シリンダライナーに関して、またフランスのラチエ社とは航空機用可変節プロペラに関する技術提携契約を締結したが、とくに後者は住友金属工業とアメリカのハミルトン社との技術提携に匹敵する快挙といわれた。ただしラチエ式プロペラは日本スピンドルで事業化することなく、日本航空工業の事業となり、日本スピンドルから同社に対して窒化用電気炉二基が供給された。[49] 二三年以降三九年に日本スピンドルを離れるまでに桑田の海外出張・調査は七回におよび、その都度紡績機部品を含む新たな事業展開の可能性が追求された。[50]

(3) 労働争議

戦間期の日本スピンドル製造所は一九二四年と三〇年に争議を経験した。二四年五～六月の争議の経緯は財団法人協調会大阪支所の報告によると以下のようであった。[51] 神崎工場の第二工場のある監督（川崎造船所元社員、二四年二月に松方の斡旋で日本スピンドルに入社）が「職工ヨリ色眼鏡ヲ以テ視察セラレル為何事ニ依ラズ職工連中ヨリ反感ヲ持タレテ居」り、五月九日に第一工場所属のある職工が「第二工場ニ至リ禁煙ノ場所ニモ拘ラズ喫煙シタ処」、これを目撃したその監督が注意したにもかかわらず聞き入れなかったため、職工の監督である睦月弁蔵のもとに連れて行きふたたび注意した。しかし職工が「不穏ノ態度ヲ示シタガ為」、「監督ハ大ニ激昂シテ同人ヲ殴打シ双方組打ヲ始メタガ之ヲ見タ他ノ職工連ハ（中略）一同就業を放棄シ」、事務室を訪れ、池畑主任に対して監督の解雇を迫った。その結果監督から職工に対して詫び状を差し出すことでその場は収まったものの、翌一〇日「全職工ハ出勤シタガ就業セズ寄々協議ヲシテ居ツタガ」ところ職工代表と称する者が事務所を訪れ、ふたたび監督の解雇を主任に迫った。そこで池畑主任は「桑田氏ト相談ノ上改メテ回答スル」とした。

五月一二日午前一〇時頃に職工代表五名が事務所を訪れ、監督の解雇を要求したうえで、要求書を提出して午後六時までの回答を求めた。要求書の内容は、①時間短縮（八時間制実施）、②賃金値上げ（実収入の五割値上、常備者は三割値上、請負者は三割値上）、③解雇手当（入社後一ヵ月毎に六日分）の支給、退職手当は解雇手当の三分の二支給、④工場の設備改善（食堂、飯料場、危険防止の設備）、⑤今回の争議に関して犠牲者を出さない、⑥罷業中の日給の全額支給であった。

要求書を受け取った池畑主任は電話で本社に連絡し、「桑田工場主ハ同日午後五時頃来場シテ職工連ノ集合セル金子宅ヲ訪問シテ（中略）監督ノ身上ニ就イテハ松方氏トモ協議ノ上回答スル可ク要求条件ニ関シテハ出来得ル限リ諸君ノ意ニ添フカラ明日カラ就業シテ貰ヒタイト呉々モ懇願シテ午後八時頃引キ揚ゲタ」。しかし翌一三日になっても桑田からの回答がなかったため、「職工連中ハ工場主ノ誠意ヲ認メル事ガ出来ヌト激昂シテ寄々協議シテ居ツタガ遂ニ浦江工場ノ職工連ト提携シテ陣容ヲ整ヘル事ニナツタ」のである。

一方浦江工場（職工の多くは大阪機械労働組合に加入して北大阪支部を形成していた）では一四日に職工代表が事務所を訪れ、神崎工場と同じ要求書を提出すると同時に同盟罷業に入った。職工側は日本労働総同盟大阪聯合会から山内鐵吉からの来援を求め、会社側は午後二時頃から重役を召集して対策を協議した。重役会議で決議した回答案の内容は、要求書の①について「応ジ難シ」、②は「目下考慮中（中略）追テ発表スベシ」、③は「目下研究中ニ付近ク発表スベシ」、④は「可成職工側ノ意思ニ添フベシ」、⑤と⑥は「確答スル能ハズ」

であった。会社側は一五日に職工代表に対して回答案を提示したが、当然両者は決裂した。

争議は持久戦の様相を呈したが、五月二四日になって会社側が全職工に対して解雇通知を発したため、労使の関係はさらに悪化した。しかし六月四日に以下の覚書を交換して「円満妥協」が成立した。①賃金値上（準請負工五分増、半請負工六分乃至九分増、常傭工一割増）、②解雇手当（六カ月未満は一五日分、一年未満並びに一年は三〇日分、一年以上二年未満は一年を超える一カ月毎に一日分等）、③「退職手当ハ逐次発表」、④「食堂脱衣場洗面場危険防止場ノ設備ハ漸次行フ」、⑤一二名の解雇（②の解雇手当並びに⑥の八〇〇円の見舞金のうち三八〇円を今回の犠牲者に支給する）、⑥見舞金として八〇〇円を支給（分配は労働者側に一任）が「円満妥協」の内容であり、今回の争議による工場側の損害見積額は約一万円といわれた。[52]

日本スピンドル製造所は一九三〇年一一月八日から一二月二七日にも争議を経験した。一一月八日にリング磨部の二四人が単価値上げを要求中のところ、前日のロシア革命記念日におけるデモの指導者九人を尼崎署が検挙し、長期争議の発端となった。[53] 会社は一〇日に従業員代表に対して要求拒否を通告し、デモの責任者四人を解雇した。一一日には潮江劇場で従業員大会が開催され、復職要求が決議された。二四日の従業員大会で五カ条の要求を決議し、怠業に入った。会社側は要求を拒否するとともに休業を発表し、同夜従業員二八六人が争議団を結成した。二六日には村民大会が開催され、会社側に誠意のない場合は会社の立ち退きを要求することが決議された。

桑田権平によると「手段ヲ撰バズ余始メ監督者ノ自宅ヲ襲ヒ直接行動ニ及バントシタル事再三然ノミナラズ労働組合ノ後援強クシテ社員一同ニモ非常ナル心配ヲカケ」たが、一二月二七日に「漸ク労働組合ノ気勢衰ヘ二十九名ノ復業申出デアリシヲ機トシテ五十六名ト別レ、若干ノ手当金ヲ支給シ罷業従業員ニハ休業期間ノ日数ニ対シテ其幾分ヲ支給シ労働組合ヲ通ジテ金一包ヲ贈リ落着」した。[54]

（4）桑田権平の諸活動

ところで池田辰衛と園田武彦によって創設された園池製作所は第一次世界大戦中には工作機械・工具メーカーとして急成長を遂げたが、戦後不況に際会して経営不振に陥った。十五銀行の元頭取園田孝吉は息子武彦の負債を自己の家屋敷を処分して清算しようとしたが、この決意を知った旧知の仲の松方幸次郎は園池の立て直しに参加することとなり、一九二〇年一二月に桑田を送り込んで再建に当たらせた。桑田はまず経営陣を刷新することとし、松方の意向を受けて川崎造船所工具工場の主任である多賀亀衛を専務取締役に据え、自らも取締役に就任した。松方は工作機械製造部門を廃止して工具製造に専心する方策をとり、堅実経営への移行を図ったが、桑田は工具のみによる経営は不可能と判断し、大阪瓦斯での経験を活かしてガスメーターの製作を立案した。二四年三月の臨時役員会にガスメーター製造開始案が上程され、可決された。桑田は松方とも相談のうえ、大阪・神戸瓦斯両社から援助の約束をとりつけ、図面と製品見本を借り受けて試作を開始するが、製作に際してはアメリカから部品を購入し、検査もアメリカと同一方法をとるなど徹底した品質の向上を図った。二五年八月にはガスメーターの製造販売が正式に認可され、園池はわが国三番目の免許会社となった。ガスメーターは次第に量産されるようになり、二八年には月産五〇〇〇台に達し、工具製品の低調を補って園池の経営に大きく貢献した。[55]

さらに松方は自らが神戸瓦斯の社長としてリーバ兄弟商会から引き取ったベルベット石鹼会社の顧問に就任し、また東京の電球会社の取締役にも任ぜられたが、桑田はその手伝いに忙しく、日本スピンドルの本務以外の仕事で東奔西走の日々を送った。[56]

桑田のビジネス以外のもう一つの活動が学術研究活動に対する支援であった。繊維関係の研究に対する財政的援助を考えた桑田は長尾良吉に相談し、長尾と庄司乙吉、飯尾一二の協議によって財団法人を大阪帝国大学に附属させる案が提起され、楠本長三郎大阪帝大総長の同意をえたうえで一九三七年一一月に財団法人繊維科学研究所が設立された。スイスのベルン大学教授を辞して帰国した呉祐吉を所長に迎え、桑田を除く上記の四名のほかに今村奇男、八木秀次、寺田甚吉、菊池文吾の四名を理事に加え、桑田が出資した一〇万円余を研究費基金とする研究所が誕生した。研究所に対してはその後庄司乙吉、三井報恩会、菊池文吾などから多額の寄付があり、三井物産や三菱商事の大阪支店長も理事に加え、研究員も二〇数名を数えるまでになった。[57]

第二は有効微生物化学研究所の設立であった。これは大阪帝大の古武弥四郎医学博士の発案によるものであり、桑田が一〇万円を出資して阪大内に財団法人を組織し、古武が所長に就任した。桑田のフィランソロピー活動はさらに拡大し、大阪帝大の今村荒男医学博士の発案であるレントゲン自動車製造のために所要資金を支出し、大阪帝大の微生物病研究所に対してはガン研究資金を寄付した。また研究上顕著な成果を上げた研究者を顕彰するために海軍航空技術奨励費として一五万円を海軍航空本部に献金した。[58]

おわりに

一九世紀末のアメリカ合衆国で機械工学、工場管理を体系的に学んだ桑田権平は明治期の日本にとってきわめて貴重な存在であった。大阪砲兵工廠においても川崎造船所においても、工場管理の専門家として桑田は存分の活躍をする。こうした実績を踏まえて、さらにその間に築き上げた人脈にも支えられて、第一次世界大戦の好況期に桑田は自らの事業に乗り出した。

松方幸次郎との関係から自らの事業活動以外の分野でも多忙であったにもかかわらず、日本スピンドルの経営は順調であった。内外の販路確保、重要資材の購入、最新の技術情報の入手、技術導入、いずれにおいても桑田の多彩な人的ネットワークが大きく貢献した。満洲事変期から日中戦争勃発時にかけて日本スピンドルはスピンドル、リング、フリューテッドローラの専門企業として黄金時代を迎えた。

しかし戦時期に入ると日本スピンドルの業態も大きく変化し、紡績機械部品に代わって軍需品生産の割合が次第に上昇していった。民需生産から軍需生産へと日本スピンドルの生産体制が大きく切り替わる一九三九年九月に桑田は社長を辞任し、後任社長には豊田喜一郎が就任し、続いて四〇年一〇月には喜一郎に代わって寺田甚吉が社長に就任した。戦時期になって自らの居場所が縮小するのに反比例するかのように、桑田の学術支援活動は積極化したのである。

注

1 桑田権平と日本スピンドルについては、角山幸洋「日本スピンドルと創業者桑田権平」(『大阪の産業記念物』第九号、一九八六年九月)一一頁で紹介されている。

2 以下、桑田権平の事績については、桑田権平『桑田権平自伝』一九五八年による。

3 同校は一八八七年にウースター郡産業科学フリー・インスティテュートからウースター工科大学に校名を変更した。この時期の同校の動向については、木下順『アメリカ技能養成と労資関係―メカニックからマンパワーへ』ミネルヴァ書房、二〇〇〇年、第四章、第五章が詳しい。

4 前掲『桑田権平自伝』三五頁。

5 一八四九年(嘉永二)生まれの太田は六八年にフランスとスイスに軍事留学し、その後も八一―八二年にかけて欧行し、九〇年に大阪砲兵工廠提理に就任している。太田の詳細については、三宅宏司『大阪砲兵工廠の研究』思文閣出版、一九九三年、第二章参照。

6 前掲『桑田権平自伝』五七頁。

7 同上書、五八頁。太田一行は工作機械のメッカであるシンシナチにも立ち寄り、大工場を三、四日見学している(American Machinist, April 5, 1900)。

8 前掲『桑田権平自伝』六六頁。

9 同上書、六七頁。

10 農商務省工務局編『主要工業概覧』第三部機械工業、一九二二年、八六頁。

11 桑田権平『日本スピンドル製造所略伝』日本スピンドル製造所、一九三九年、四頁。

12 日本スピンドル製造株式会社編『創立五〇周年』一九六八年、一一頁。

13 一八八九年に川辺郡尼崎町に尼崎紡績(一九一八年に攝津紡績を合併して大日本紡績となる)が設立され、一三年に大阪合同紡績(三一年に東洋紡績と合併)が小田村に神崎工場を設立した。

14 農商務省工務局編、前掲書、一一九頁。

15 同上書、一二一頁。

16 前掲『日本スピンドル製造所略伝』八一―八二頁。

17 同上書、二一頁。

18 豊田佐吉と西川秋次は渡米してホワイティン社製精紡機一万錘を買い付け、同プラントは一九二〇年一月から豊田紡織廠（当時は佐吉の個人経営、豊田紡織廠［豊田紗廠］となるのは二一年一一月）で稼働した（東和男『創成期の豊田と上海―その知られざる歴史』時事通信出版局、二〇〇九年、五八―五九頁）。

19 以下、日本スピンドル製造所の事業展開については、前掲『創立五〇周年』一二―一九頁参照。

20 大阪の南方鉄工所、大阪鉄工所、足田鉄工所、大阪砲兵工廠などで腕を磨いた金井熊吉は一八九四年にトラベラー製造機を完成し、金井兄弟商会を設立して兵庫県川辺郡尼崎町（一九一六年に市制施行）でトラベラーの生産を開始する。〇二年に金井トラベラー製造所と改称し、〇五年に弟の国松が金井フレーチリング製造所を設立してリング製造を、一六年には弟の寿太郎が尼崎町で金井製作所を設立してスピンドルの製造を開始した。二一年には金井フレーチリング製造所の経営が金井トラベラー製造所に引き継がれ、二五年にはリングの全製造工程が自社で行われるようになった（金井重要工業株式会社編『百寿』一九九四年、一一―六五頁）。

21 平澤富藏編『国産台帳』下巻、国産振興会、一九二八年、五三六―五三七頁。

22 「主要工業概況調査」（商工省工務局編『工業調査彙報』第九巻第四号、一九三二年三月）九五頁。

23 前掲『日本スピンドル製造所略伝』一二九―一三〇頁。

24 兵庫県編『兵庫県工場一覧』一九三六年版、一九三七年、六八頁。

25 麻島昭一『戦前期三井物産の機械取引』日本経済評論社、二〇〇一年、二四九―二五〇頁。

26 前掲『日本スピンドル製造所略伝』八三―八四頁。一方、金井トラベラー製造所は一九三三年に青島出張所を設置して直貿易体制を整備した（金井重要工業株式会社編、前掲書、四二八頁）。四三年時点の同出張所の資本金は一万円であった（青島日本商工会議所編『青島商工案内』一九四四年、一四〇頁）。

27 各メーカーは独自の営業政策で鎬を削った。例えば「紡織機業者　輸出に積極策　従来の代理店取引を一歩進め各自直接に」として、一九三〇年代半ばの金井トラベラー製造所は「独力を以て強固な地盤を獲得すべく最近同所営業部長平木貞三氏を親しく印度に派遣して実情を明らかにした後、本格的の活動に移つらん」としていた（『日刊工業新聞』一九三五年四月三日）。

28 『日刊工業新聞』一九三五年八月二日。

29 今村は一九〇六年に京都帝国大学理工科大学機械工学科を卒業し、その後マサチューセッツ工科大学に学び、帰国後は攝津紡績（一八年に尼崎紡績と合併して大日本紡績となる）に入社した。紡績技術の革新に大きな成果を挙げ、シンプレックス粗紡機とエコー式（栄光式）ハイドラフト装置を完成させ、三一年から三九年まで大日本紡績の常務取締役を務めた（株式会社豊田自動織機製作所編社史編集委員会編『四十年史』一九六七年、一五七、一五九頁）。

30　以下、各役員の役職については、交詢社編『日本紳士録』第三九版、一九三四年などによる。

31　横山は、大阪燐寸製造や紡績会社に勤務した後渡満し、二二年に日本スピンドルに入社した（帝国秘密探偵社編集部編『大衆人事録』第一二版、一九三七年、大阪の部二〇七頁）。

32　前掲『桑田権平自伝』一四二―一四三頁、および日本スピンドル製造所『営業報告書』各期。この間に長尾、続いて松村が逝去した（前掲『日本スピンドル製造所略伝』一三三頁）。

33　前掲『日本スピンドル製造所略伝』一一九頁。

34　表5―5から「営業諸費」の動きをみると、一九三五、三六年ともに下期実績が上期を大きく上回っている。しかし三五年上期・下期の「棉花消費高」をみると、東洋紡績・大日本紡績・鐘淵紡績の三大紡各社あるいは全社ベースで見ても上期の方が若干大きい。三一～三四年ではいずれの年も下期の棉花消費高が上期を上回るが、その差はそれほど大きなものではない（大日本紡績聯合会編『綿糸紡績事業参考書』第六五・六六次、昭和一〇年上期・下期）。したがって表5―5の「営業諸費」の動きの理由は、今のところ明らかにできない。また戦時期の三八、三九年になると上期の「営業諸費」が下期を上回っているが、この理由もよく分からない。

35　兵庫県総務部調査課編『兵庫県工場統計表』昭和一〇年、一九三七年、一五一頁。なお兵庫県の紡織機械器具「部分品及附属品」生産額は三〇年九三万円、三一年七四万円、三二年二五万円、三三年二六六万円、三四年三七〇万円と推移した（同上）。

36　「鐘紡、日紡、東洋紡の三社では技術提携を敢行するとゝもに紡機並に附属器具の規格統一を行ふ事となり、メーカーをも加へた紡機研究会で研究を行ふべく、その最初の試みとして、スピンドル小委員会を結成、前記三社紡績側技師長及び技師にメーカー側の梅田製鋼所、日本スピンドルを加へて規格統一について協議を重ねてゐたが、近く統一完成の運びとなった」（『日刊工業新聞』一九三五年四月一三日）。

37　七〇年史編集会議編『日本スピンドル七〇年史』日本スピンドル製造株式会社、一九八八年、一二三頁。「一百万円を六月一日現在の株主に一株対一株の割合を以て割当て、残余五十万円を縁故募集すべく既に夫々折衝中である。増資の目的は工場規模の拡張を第一としてゐるが、更に新規製品目への発展をも企てて居」ると報じられた（『日刊工業新聞』一九三六年四月一一日）。

38 渡辺久雄編『尼崎市史』第八巻、一九七八年、四六九頁。三九年六月現在の従業員数は男子五七一名、女子四八名、合計六一九名であり（同上書、四四八頁）、戦時期に入って民需生産が縮小し、軍需生産が拡大する過程で日本スピンドルではいったん従業員規模の縮小がみられたことがわかる。

39 大阪職校会『会員名簿』一九三六年一一月調。

40 前掲『桑田権平自伝』一四九頁、および日刊工業新聞社編『日本技術家総覧』昭和九年版、一九三四年、三九四頁。

41 記念史編纂委員会編『労魂─三十五年のあゆみ』全国金属労働組合日本スピンドル支部、一九八三年、二六頁。

42 桑田は「我が社の事業は相当繁栄の域に在って、たとえ私が退くとも少しも差支えなく、また自分は既に七十の坂を越えた老骨であり、これは引退するに好機ではないかと気付きました」（前掲『桑田権平自伝』一六三頁）と述べているが、日本スピンドルが民需生産から軍需生産に大きく転換するこの時期の桑田引退の詳細は不明である。

43 『大阪時事新報』一九三七年五月六日付（神戸大学新聞記事文庫）。

44 松下傳吉『人的事業大系・製作工業篇（下）』中外産業調査会、一九四〇年、一三三─一三八頁。戦時期の日本内燃機の動向については、呂寅満『日本自動車工業史─小型車と大衆車による二つの道程』東京大学出版会、二〇一一年、二九六─三〇五頁参照。

45 以下、前掲『創立五〇周年』一二─一八頁、および七〇年史編集会議編、前掲書、一九─二八頁による。

46 のちに梅田製鋼所と関西スピンドルも同じ技術導入を行った（前掲『日本スピンドル製造所略伝』五九頁）。

47 桑田をオーベル社に紹介したのはアメリカのラドラム社であり、ここでも桑田のアメリカでのネットワークが奏功した（同上書、七〇─七一頁）。

48 NSリングの出現で糸切れが大幅に減少しただけでなく、馴らし運転時のスピンドル回転数を平常時に近づけることができるようになった。それまでは半年に及ぶ馴らし運転のための低速回転が必要であった（七〇年史編集会議編、前掲書、二一頁）。

49 同上書、二六頁。

50 七回の海外出張・調査の内容は、①新式機械の調査（一九二三年、米国）、②カサブランカ式見学（二六年、米国）、③とくにSKFスピンドルに関して（二八年、欧米）、④窒化法の調査（二九年、米国）、⑤窒化法の調査（三〇年、欧米）、⑥窒化鋼および鋳鉄製造に関する契約（三六年、欧米）、⑦窒化鋼ピストン、窒化鋳鉄製気筒、およびラチエ式航空翼製造権の契約（三七年、欧米）のためであった（前掲『日本スピンドル製造所略伝』一三六─一三七頁）。

51 財団法人協調会大阪支所「日本スピンドル会社争議」大正一三年五月二四日（『協調会史料』所収、法政大学大原社会問題研究所所蔵）および大阪市社会部編『大阪市労働年報』一九二五年、二一八―二一九頁。なお上の協調会史料によると桑田権平は「松方氏ノ出資ニ依ツテ本社ヲ経営シタルモノデアル、製品販売先モ松方氏ノ肝煎りデ鐘紡、大日本紡、東洋紡、三井物産等ニ納入シ販路モ相当ニ有スルガ為同業者ノ経済状態不振ニモ拘ラズ本社ハ相当ノ利益ヲ計上シツ、アルノ状態」であった。

52 大阪市社会部編、前掲書、二一八―二一九頁。前掲『日本スピンドル製造所略伝』によると、「六月九日労働組合及ビ警察官ノ仲介ニ由リ主ナル者二十八名ニ金一封ヲ与ヘテ解雇シテ解決ス」であった（一一四頁）。

53 以下、尼崎地方労働運動史研究会編『尼崎の労働運動史年表』一九八二年、二四頁による。本年表では争議開始日が一〇月八日となっているが、他の資料などから判断して一一月八日と思われる。

54 前掲『日本スピンドル製造所略伝』一一五―一一六頁。前掲『尼崎の労働運動史年表』によると、県調停課と尼崎署の調停により、解雇五六人、解雇手当一万一八〇〇円、および餅代を払うことで争議は収束した（同上書、二四頁）。

55 前掲『桑田権平自伝』一〇五―一〇七頁、およびダイヤモンド社編『園池製作所』一九七一年、四六―四七、五六―六二頁。

56 前掲『桑田権平自伝』一〇七頁。

57 同上書、一六八―一六九頁。

58 同上書、一六九―一七一頁。

第六章

小林愛三・品川良造と大阪変圧器

はじめに

一九二〇年から操業を開始した大阪変圧器は芝浦製作所、日立製作所、三菱電機、富士電機製造などを中心にして寡占化が進む重電機業界にあって柱上変圧器の専門メーカーとして独自の位置を占めた。社名に製品名を掲げたことは専門メーカーとしての同社の覚悟、矜持を表すものであった。電気は発電所から一次・二次・三次変電所を経て最終的に柱上変圧器を経由して低圧需要家である一般家庭に届く。特高需要家（大工場）は二次送電線、三次送電線、高圧需要家は高圧配電線から電気を供給される。当初大阪変圧器が生産したのは単相50kVA以下の柱上変圧器であった。一九二〇年正月の『電気旬報』に大阪変圧器は開業広告を出すが、そこには“TRANSFORMERS ONLY”と記された[1]。

本章の目的は戦間期から戦時期における大阪変圧器の経営発展を跡づけ、その要因を検討することである。同社の経営は小林政治、小林愛三、品川良造の三兄弟によって率いられ、三名は資金、技術、営業の面でそれぞれ独自の役割を果たした。中堅企業大阪変圧器は重電機カルテルに加盟する大企業、なかでも日立製作所と激しい競争を長期にわたって展開し、両者が和解にいたるのは一九三六年のことであった。大阪変圧器の価格・品質両面での競争力を支えたものは何だったのか。この点の解明も本章の課題である。

図6-1　創業者小林愛三（ダイヘン編『ダイヘン百年史』2020年からの転載）

さらに大阪変圧器は各商社との強い結びつきに支えられて資材の調達、工場用地の確保、製品販売を推進することができた。財閥系企業のようなグループ内企業でなく、独立系企業として大阪変圧器は企業集団の枠を超えて自由に取引を展開することができた。こうした企業間関係の実態を明らかにすることも本章の課題の一つである。

一　創業まで

一八八九年七月一六日、兵庫県加西郡北条町に生まれた小林愛三は一九一四年に京都帝国大学理工科大学電気工学科を卒業すると津山電気に入社し、一五年一〇月に大阪電機製造に転じた。入社当時約一〇〇〇人いた大阪電機製造の従業員は第一次世界大戦末期になると四〇〇人程度に減少していたが、これには同社の万屋的生産、多機種少量生産体制の限界が大きく関係していた。技術課長を務めていた愛三は次第に自らが専門生産に乗り出すことを考えるようになり、次兄の小林政治に相談したところ独立を支援することを約束してくれ、さらに末弟の品川良造（神戸の素封家品川家の養子となり、一五年神戸高等商業

図 6-2　創業時の中津工場巻線作業（ダイヘン編『ダイヘン百年史』2020 年からの転載）

学校卒業後山口銀行本店に二年間勤務、その後内田汽船に転じ、二二年に約一年間欧米の商工視察を行った)[2]もこの計画に参加することになった。政治は姫路中学校中退後大阪の毛布問屋西村喜八商店の丁稚となり、九九年に大阪安土町で小林政治商店を開業、後に「毛布の小林」と呼ばれるほどの店に育て上げた人物だった。[3]

新会社創立の構想が固まると兄弟三人は備後町の小林政治商店を創立事務所として準備を進めた。資本金は五〇万円、四分の一払込として一二万五〇〇〇円の約六割を三兄弟と親戚縁者で賄い、残りについては政治の友人知己に出資を依頼した。発行株数一万株、そのうち六二〇〇株を発起人一八名が引き受け、三八〇〇株については四六人の応募協力者がいた。一九一九年一二月一日に西成郡中津町の仮工場で創立総会が開催された。創立当時の株主は六二名、そのうち三九名が繊維業者であり、政治が一〇〇〇株、愛三が五〇〇株、良造が一〇〇〇株を引き受けた。[4]

専門生産を強調するために社名は大阪変圧器とし、取締役社長に政治、常務取締役に愛三、取締役支配人に良造、取締役に江川友橘と原弥太郎、監査役に河野与助と田淵清次が就任した。会社運営は主として愛三に委ねられ、良造は営業関係を担当した。江川は船場でメリヤスなどの卸商を営み、雑貨類の輸入も行っていた。原は安土町生まれの素封家であった。河野は京都で繊維品や洋傘の卸売りを行っており、江川、原、河野の三人は政治の友人であった。田淵は愛三の知己で神戸電機に関係し、立売堀で田淵商会という電気機器販売業を営んでいたが、大阪変圧器が開業すると代理店となって変圧器の売り込みに貢献した。[5]

愛三の知人で大阪電機製造の元職長であった西村良次によって変圧器製造に経験のある一〇人(鉄心切

表 6-1　大阪変圧器の営業成績

（円、%、人）

期別	払込資本金（千円）	生産額（千円）	製品売上利益	当期純利益	対払込資本金利益率	株主	従業員数
1920 年上期	125	365		6,289	10.0	61	39
下期	〃		38,034	10,636	17.0	58	
21 年上期	〃	497	62,094	14,401	23.1	60	54
下期	〃		67,123	16,344	26.2	61	
22 年上期	〃	796	93,686	18,746	30.0	〃	66
下期	〃		86,974	17,114	27.4	62	
23 年上期	175	1,083	93,171	12,051	16.1	〃	83
下期	〃		76,374	17,570	20.1	〃	
24 年上期	〃	1,633	114,333	24,268	27.7	58	96
下期	〃		119,127	24,547	28.1	60	
1925 年上期	〃		131,385	18,858	21.6	58	102
下期	〃		123,398	18,591	21.2	〃	
26 年上期	〃		150,173	22,412	25.6	〃	129
下期	〃		162,539	26,910	30.8	57	
27 年上期	〃		162,720	20,729	23.7	56	154
下期	〃		169,382	20,874	23.9	57	
28 年上期	〃		200,608	20,697	23.7	58	190
下期	〃	1,100	200,319	24,891	28.4	〃	
29 年上期	〃	900	211,231	24,306	27.8	57	205
下期	〃	1,030	216,026	28,052	32.1	〃	
1930 年上期	〃	970	225,740	26,443	30.2	58	241
下期	〃	720	191,787	20,852	23.8	〃	
31 年上期	〃	630	156,952	13,675	15.6	〃	244
下期	〃	681	128,837	14,257	16.3	57	
32 年上期	〃	742	142,081	15,360	17.6	53	255
下期	〃		127,017	16,099	18.4	〃	
33 年上期	〃		153,080	17,117	19.6	〃	279
下期	250		147,435	22,714	21.4	51	
34 年上期	〃		192,391	29,525	23.6	50	540
下期	〃		191,533	30,375	24.3	48	
1935 年上期	〃		210,973	33,954	27.2	50	681
下期	450		223,996	39,808	22.7	52	
36 年上期	〃		203,004	42,982	19.1	〃	729
下期	500		199,466	45,510	19.2	〃	
37 年上期	625		266,505	65,153	23.2	〃	793
下期	〃		422,485	79,026	25.3	49	
38 年上期	〃		582,002	116,943	37.4	51	801
下期	〃		747,976	167,754	53.7	50	
39 年上期	750		770,054	229,780	66.8	〃	1,027
下期	1,000		1,150,828	373,404	85.3	74	
1940 年上期	〃		1,206,778	549,970	110.0	〃	1,008
下期	〃		1,372,475	648,236	130.0	〃	
41 年上期	1,250		1,449,666	697,321	124.0	77	1,132
下期	1,625		1,209,850	814,087	113.3	85	
42 年上期	〃		1,150,760	1,060,469	130.5	79	998
下期	1,875		1,412,676	1,140,766	130.4	144	
43 年上期	〃		1,357,098	1,135,861	121.2	145	960
下期	〃		1,300,505	1,100,400	117.4	198	
44 年上期	〃		915,295	861,651	91.9	201	781
下期	〃		1,367,555	1,123,789	116.3	203	
1945 年上期	3,000		890,256	842,116	69.1	214	715

［出所］大阪変圧器社史編纂委員会編『大阪変圧器 50 年史』1972 年、91、156、586-587、619-627、658-659 頁。
（注）（1）生産額は推定、年度は 6 月から翌年 5 月、28 年下期以降は半期数字。ただし 1920 年度のみ 19 年 12 月～21 年 5 月。
（2）従業員は現業職員と事務職員の合計。年次数字であり、調査時点は不統一。

り、鉄心積み、巻線、組立、試験など）の労働者が確保された。さらに愛三の知り合いの宮田一が変圧器の図面を書き、良造の推薦で元銀行員の油井護郎が入社した。西村が工場長格、宮田が資材購入、油井が庶務会計を担当した。[6] 表6―1にあるように大阪変圧器の従業員数は緩やかに増加を続けた。

二　柱上変圧器専門メーカーとしての成長―一九二〇年代―

（1）経営の推移

関西地方の電力飢饉に遭遇したため中津工場（敷地約四〇〇坪、建坪二〇〇坪）が本格的に動き出すのは一九二〇年三月以降であり、しかもこの月には二〇年恐慌が起こり景気は急激に下降した。大阪変圧器は需要が多く、作業工程の少ない品種として単相50kVA以下の柱上変圧器を選択し、次に三相を手がけた。標準化を進め、高品位の変圧器を短納期で多量生産することで低価格を実現しようとしたのである。[7]

鉄心切り・鉄心積み・巻線・絶縁処理・乾燥・組立・ケース仕上げ・ケース入れといった柱上変圧器を作るための作業が分業による流れ作業で行われ、工場ではこれを「単一作業」と呼んだ。変圧器に使用す

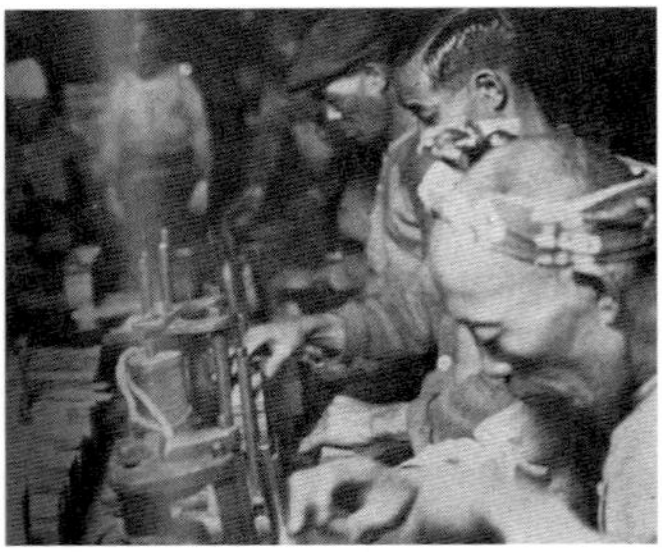

図6-3　鉄心積作業（大阪変圧器社史編纂委員会編『大阪変圧器五十年史』1972年からの転載）

る資材は珪素鋼板、普通鋼材、鋳物、電線、碍子類、絶縁物、絶縁油などであった。小型変圧器の場合、材料費の原価に占める割合は約八〇パーセントであり、資材をいかに安価に購入するかが決定的に重要であった[8]。ちなみに時期が後になるが一九三六年四月の大阪変圧器の単相30・50kVA変圧器の原価構成は表6―2の通りである。

資材担当の宮田一は鉄鋼・電線についてはメーカーから問屋・販売店にいたる販売ルートを調査し、在庫量を多く持っている所を狙って支払い条件を相手方に有利にして大量に買い付けることで安価に購入することに努めた。資材のなかでも特に重要なものが珪素鋼板であり、国産品がなかったために輸入品が使用された。イギリスのスタロイ（Stalloy）、アメリカのユナイテッド・スチール社のアポロ・スペシャル（Appollo）が使用され、続いて三井物産経由でアームコ社の最高級のトランコア（Tran-core）が使われた。電線は当初古河鉱業から裸電線を購入して加工を秋山電線に依頼していたが、後に住友電線製造所の電線を購入し、

図 6-4　作業の情景（大阪変圧器社史編纂委員会編『大阪変圧器五十年史』1972 年からの転載）

表 6-2　単相変圧器の原価構成（1936 年 4 月）（円、%）

区分	30kVA	構成比	50 kVA	構成比
電気鉄板	47.10	32.7	62.50	31.1
一次銅線	28.42	19.7	36.21	18.0
二次銅線	19.60	13.6	27.05	13.4
ケース	20.33	14.1	33.66	16.7
絶縁物その他	9.14	6.3	11.88	5.9
キャンブリック口出線	7.89	5.5	14.33	7.1
碍子・金物	3.80	2.6	5.57	2.8
工賃	7.95	5.5	10.08	5.0
合計	144.23	100.0	201.28	100.0

［出所］大阪変圧器社史編纂委員会編、前掲書、576-577 頁。

さらに大日電線、日本電線からも購入した。さらに鋳物ケースは石沢鉄工所や古川鋳造所、碍子類は京都の山中商舗や山本伊之助商店、特殊碍子は松風工業、絶縁油はスタンダード・オイルや大丸鉱油からそれぞれ購入した。[9]

大阪変圧器の取引銀行は二十三銀行大阪支店、山口銀行堂島支店、住友銀行備後町支店の三行であったが、特に関係が深かったのは住友銀行であった。また小林政治商店で毛布・毛織物などの輸出を担当していた村田広舜が一九二二年三月に営業主任として着任、さらに四月には内田商事石炭部にいた水口貞義が入社、ここに良造以外の営業専任者がおかれることになった。[10]

順調な生産の拡大にともなって工場が次第に手狭となったため、一九二二年一月には隣接工場を設置し、工場は二棟三二八坪に拡張された。[11] 関東大震災直後には東京電燈向け柱上変圧器が大阪変圧器を含む関西メーカーによって緊急生産され、これを機に関東市場における大阪変圧器の信用が大いに高まった。大震災によって大きな被害を受けた変圧器は価格が一～二割方急騰し、変圧器ブームとなった。しかしブームは一時的なものであり、二四年六月頃には生産過剰の様相を呈した。一方二三、二四年頃には経営が破綻していた大阪電機製造は社名を内外電熱器と改めて再出発したものの、二五年にふたたび行き詰まり、芝浦製作所の系列下に入った。また二七年の金融恐慌から昭和恐慌期にかけて関西の奥村電機商会、川北電気製作所、内外電熱器、関東の明治電気、小田電機などが相次いで倒産した。こうしたなかで大阪変圧器は長期契約（単価契約または年度契約）の推奨、大型変圧器への進出といった積極策を展開した。長期契約は需要家の立場からみて需要総数に対する契約であるため、入用時に伝票一枚で円滑に入手できる、見積り照会状の発送、見積り合わせなどの手間が省ける、単価を主要資材の市価変動にスライドして改訂できるなどのメリットがあった。[12]

1000kVAの大型変圧器を生産するには中津工場では不可能であった。そこで競争相手であった藤田鉱業株式会社西島製作所と交渉した結果、「大型変圧器並ニ特殊変圧器ノ製作ハ偶々藤田鉱業西島製作所変圧器部ノ分離独立ヲ機トシ之ト合併ノ上十月（一九二八年―引用者注）新ニ資本金五拾万円（四分ノ一払込）西島変圧器株式会社（大阪市西淀川区浦江北通三丁目二〇番地）ヲ創立シ我社ニ於テ其株式ノ半数ヲ引受ケ同社大型変圧器ノ販売ハ当社営業部ニ於テ之ヲ行フコト、」[13]した。

西島変圧器の代表取締役には良造が就任し、中津工場の西方約九〇〇メートルの西淀川区浦江北通に新工場を建設して大型変圧器を生産する機械類は西島から搬入した。新工場の鈴田貞俊技師長、松浦代作工場長は作業員ともども旧西島製作所から受け入れた。ところがこの西島変圧器の新工場が一九二九年七月二一日に乾燥室の過熱が原因で全焼した。ちょうどそのとき十三の内外電熱器を購入しないかとの話が三井物産からもたらされ、九月には変圧器工場を購入した。建坪約一五〇〇坪の工場を一四万円で購入することができ、買収費用は鴻池銀行からの借入金一六万円で賄い、西島変圧器はこの工場に移転した。[14]

（2）販売動向

市場開拓のため愛三の場合は京大・七高、良造の場合は神戸高商など出身学校の名簿が使われ、本人や知人・友人を歴訪して売り込み、さらに需要先の重要ポストの人たちの背景を調べて手づるを探した。柱上変圧器の需要先は電気事業者がほとんどであった。営業関係者は「品質優良」「価格低廉」「納期迅速」を合言葉に懸命の努力を続けた。1kVA変圧器の市価が油・ハンガー付きで芝浦製作所・日立製作所・明電舎製が一〇〇～一二〇円、奥村電機商会・川北電気製作所製が七〇～八〇円だったときに、大阪変圧器は五五円の低価格で売り出し、需要先、同業他社に衝撃を与えた。柱上変圧器の生産台数は一九二〇年二七五八台だったのが連年増加し二六年には三万二九〇二台に達した。[15] また前掲表6―1にあるように生産額も二一年度の四九万七〇〇〇円から二四年度の一六三万三〇〇〇円へと順調に増大した。

地元の関西市場を掌握していった大阪変圧器は関東市場への進出を準備した。代理店であった藤田電気企業社の藤田勝一は良造支配人の友人であり、藤田の友人が東京電燈にいたため、二二年三月に東京電燈の意向を打診すると、変圧器納入を押さえているのは辛酉商行であり、ここに食い込むことが先決であることがわかった。営業主任の村田が藤田とともに上京し、辛酉商行との交渉の結果三〇〇台のサンプル受注に成功し、これを機に同年一一月に東京出張所が開設された。[16]

大阪変圧器の販路は朝鮮にも拡大していった。一九二〇～二三年までの全朝鮮に対する変圧器の供給総台数は三〇〇台内外であったが、二九年には一カ月で京城のみで約三〇台、全朝鮮では月約一〇〇台に及び、同年までに京城電気のみで四〇〇台を突破した。[17]

一九二〇年代の販売動向をみると、以下のようであった。

①「小型変圧器全国生産額ノ約壹割弱ヲ産出シ今ヤ斯界ニ於ケル一権威トシテ動ス可カラサル地位ヲ占

ムルニ至レリ」[18]（一九二一年上期）。

②「一般電機製造会社ニ於テ主要製品タル発電機、電動機類ハ不況ノ影響ヲ受クル事甚シクコレ等註文ノ激減ハ彼等ヲシテ比較的需要アル変圧器製造ニ主力ヲ注グニ至ラシメ今ヤ変圧器売込戦ハ白熱ノ程度ニ達シ価格ノ引下ハ滔々トシテ底止スル所ヲ知ラズ（中略）最近東京電燈株式会社帝国電燈株式会社ヨリ多数ノ変圧器受註セシヲ機トシテ十一月東京出張所ヲ設ケ社員一名ヲ赴任セシメタリ[19]」（一九二二年下期）。

③「変圧器製造業者ノ競争ハ日々激甚ヲ加ヘ停止スル所ヲ知ラズ我社ハ此白熱的競争裡ニ処シ特ニ研究部ヲ新設シテ製品ノ改良ヲ怠ラズ価額ハ薄利多売主義ヲ採リ必至ノ努力ヲ尽シタル結果一ケ月生産高約壹千四五百台実ニ我国変圧器総需要ノ弐割強ヲ占メ（中略）近時三菱商事及千代田組等二三有力商事会社ガ本製品ノ真価ヲ認メ販売取扱ノ好意ヲ寄スルニ至レリ[20]」（一九二三年下期）。

④「幸業礎日ニ堅ク今半期受註高七拾余万円実ニ本邦総需要ノ約三分ノ一ヲ一手ニ掌握シ関西方面ニ於ケル地盤益々堅実ヲ加フルト共ニ関東方面ニ於テモ斯界ノ重鎮タル芝浦日立等東京所在製作所ノ堅畳ニ肉薄シ接戦良ク其勢力ヲ駆逐シ彼我全ク主客ヲ異ニスルニ至リシ[21]」（一九二四年下期）。

⑤「需要家筋ノ買気ヲ弗々喚起シ今期製作高実ニ壹百貳拾万円ヲ突破シ全国総需要ノ約六割見当ヲ占ムルヲ得シ（中略）近来変圧器ノ単価激落ト共ニ二三同業有力メーカーノ如キ著シク品質ヲ低下セシメテ市場ヲ攪乱スルアルトモ我社ハ最後ノ勝利ハ結局優良品製作ニアリトノ確乎タル信念ノ下ニ予定ノ進路ヲ探ラントセリ[22]」（一九二八年上期）。

三　長引く大手電機メーカーとの競争―一九三〇年代―

前掲表6―1にあるように一九二九年には従業員が二〇〇人を超えた大阪変圧器では中津工場の狭隘さが限界に達しており、三〇年七月に中津から先に買収していた内外電熱器の工場（敷地二六〇〇坪、西島変圧器が入った鉄骨建物以外に木造建屋数棟があり、それだけでも中津の数倍はあった）に移転した。続いて三一年八月に本社を中津から大阪駅に近い堂ビルに移転した。[23]

一方重要資材である珪素鋼板の国産化が望まれていたが、八幡製鉄所は一九二九年に外国製と比較しても遜色のない珪素鋼板を完成し、市販した。続いて三一年には川崎造船所が多額の研究費を投じてニッケル含有の珪素鋼板の製造に成功した。大手電機メーカーは八幡の珪素鋼板を受け入れるために3S（Silicon Steel Sheet）会なるカルテルを組織し、大阪変圧器の加入が許されたのは三二年であった。川崎造船所の珪素鋼板に関しては大阪変圧器との間で三一年頃から交渉が開始され、三二年一月に契約が成立した。[24]

変圧器は大形は受注生産であったが、小形は見越し（市場）生産であるため、後者が主体の大阪変圧器は昭和恐慌期には在庫を抱え込まざるを得なかった。一九二八年八月の新聞広告において「変圧器　年産四万台　全国総需要ノ五割強」[25]を誇った大阪変圧器であったが、恐慌期には他社からの在庫整理の投げ売り品にも直面しなければならなかった。一九二〇年代後半に単価契約または年度契約を有力な電気事業者に推奨して大きな成果を挙げた実績を踏まえて、三〇年代にも大阪変圧器は粘り強い営業活動を展開していった。基本単価の決定に際して原価要素を重視するようになっており、初期の長期契約に比べてより合理的な内容の契約になった。[26] 前掲表6―1にあるように昭和恐慌期に生産は大きく落ち込み、純利益も低迷した。しかし三三年に入ると製品売上利益・純利益ともに拡大に転じた。

満洲事変期以降の景気回復期に大阪変圧器は拡大を続け、従業員も三三年の二七九名から三四年の五四〇名へと急増した（前掲表6―1参照）。しかし以下のように大手電機メーカーとの激しい競争が長期にわたって続いた。

①「変圧器ノ需要著敷激減セシモ幸ニ今期受註額壹百余万円略前期同様ノ成績ヲ挙フルヲ得タリ　大型変圧器ハ四大メーカー協定ノ為メ価格昂騰ヲ見小型変圧器ハ極端ナル競争ノ結果取引条件幾分見直セシモ来春ヲ期シ某大メーカーノ積極的進出ヲ期スルアリ多大ノ警戒ヲ要スル所ナリ」[27]（一九三一年下期）。

②「今期総受註高貮百万円ヲ突破シ（中略）小型変圧器（「五十基迄」）東京某メーカーノダンピング的安価ヲ以テ斯界ヲ攪乱セントスルニ拮抗シ断然ヨク其優越的地位ヲ確保シ今期受註高百貮拾万円ニ達セリ大型変圧器今期受註高五拾万円」[28]（一九三三年下期）。

③「今期総受註高ニ貮百七拾余万円（中略）小型変圧器受註高今期壹百四拾余万円、東京某メーカーノダンピングニ対戦シ、各所ニ激烈ナル販売競争ヲ敢行セルモ、未ダ容易ニ我レノ牙城ニ逼ルヲ許サズ、断然優位ノ地位ヲ確保セリ。大型変圧器受註高今期壹百余万円（中略）所謂六大協定メーカーニ拮抗シ、斯界ニ闊歩シ一大異彩ヲ放テリ」[29]（一九三四年下期）。

④「今期総受註高実ニ貮百八拾余万円（中略）小型変圧器今期受註高壹百五拾余万円、各所ニ激烈ナル

販売競争ヲ敢行セシモ依然トシテ独占的優勝地位ヲ確保セリ。大型変圧器受註高壹百余万円、我国総需要ノ約三割ヲ製作シ、所謂六大協定メーカー側ニ拮抗シ厳然タル一敵国ヲナセリ」[30]（一九三五年上期）。

⑤「今期受註高ニ貳百九拾余万円（中略）小型変圧器今期受註高壹百六拾万円東京某メーカートノ販売競争愈々白熱化セルモ未ダ容易ニ我レノ牙城ニ逼ルヲ許サズ依然トシテ優勝的地位ヲ確保セリ　大型変圧器受註額壹百余万円業界ニ於ケル厳然タルアウトサイダートシテ我国総需要ノ約三割見当ヲ製作セリ」[31]（一九三五年下期）。

⑥「変圧器部ニ於テハ大工場群ノ圧迫ト、強大ナル競争者トノ対抗ニ、相当ノ困難ヲ加ヘ、当務者ノ苦慮容易ナラザルモノアリ」[32]（一九三六年下期）。

一九三六年時点で大阪変圧器の従業員構成は、技術員三一名、事務員三八名、職工四〇〇名であった。[33]主要技術者は専務取締役の小林愛三をはじめ宮城久米三郎（取締役技師長兼小型部長、一七年東京帝国大学工科大学電気科卒業、第一電機製造に入社、技師長を経て二〇年一月に大阪変圧器に入社）、滝口三雄（理事研究部長、一〇年京都帝国大学理工科大学電気科卒業、シーメンスシュッケルト会社、川北電気企業社［一七年に川北電気製作所に商号変更］を経て二三年に大阪変圧器に入社、一時退職してふたたび入社）、大矢知栄蔵（大型設計部長、二四年大阪高等工業学校電気科卒業、逓信省電気試験所技手を経て二四年一二月に入社）、三木省三（小型次長、一五年大阪高等工業学校電気科卒業、川北電気企業社に入社、変圧器設計主任を経て三五年四月に入社）、関惣助（大型設計次長、二二年明治専門学校電気科卒業、安川電機製作所に入社、設計課長を経て三三年四月に入社）、千葉誠一（小型部技師、三二年京都帝国大学工学部電気工学科卒業、ただちに入社）、下瀬武男（溶接機部長、一八年三月、日本電気鎔接機創立と同時に入社、二六年七月に東洋電気鎔接機を設立、取締役技師長に就任、その後大阪変圧器に入社）、高橋四郎（溶接機部技師、三四年大阪帝国大学工学部電気工学科卒業、ただちに入社）などであり、その他に工学士二名、大阪高等工業学校卒業者二名、神戸高等工業学校卒業者四名がいた。また技術部顧問として武内眞吉（海軍機関大佐）、松澤瀧造（工学士）、川村三郎（工学士）、鈴田貞俊（工学士）がいた。[34] 中堅企業である大阪変圧器は企業規模に比して分厚い技術陣を抱えており、それが同社の技術開発力の一因となっていたのである。

四　電気機械カルテルと大阪変圧器

昭和恐慌期に安川電機製作所は変圧器生産を中止するが、このとき同社の変圧器部門と大阪変圧器の話し合いの結果、設計図面、販路、および技術者数名が大阪変圧器に受け入れられることになった。[35]

先に「東京某メーカーノダンピング的安価」（一九三三年下期）、「六大協定メーカーニ拮抗シ」（三四年下期）、「東京某メーカートノ販売競争愈々白熱化」（三五年下期）に触れたが、日立製作所などの大手電機メーカーとの厳しい競争が長期にわたって続いた。その状況は次のように指摘された。「近時同業たる日立芝浦三菱富士等の四者協定の下に販売し居れる関係上勢ひ値段の競争は免れず故に利益率は自然低下を示すの余儀なき立場に在りし。兎に角当社は専門製作なるが故に他社に比し有利なる強みを持ち此等の値段競争も漸次薄らきつゝある情勢にて当社営業政策は販売増加に依りて其収益率を維持しつゝあり」[36]（帝国興信所報告、三三年六月）、「某大メーカーノ内ニハ諸材料ノ昂騰ヲ無視シ、小型変圧器ヲダンピング的安価ヲ以テ投売スルアリ、大型物ニ就テハ（中略）今期一大飛躍ヲ見シモ、我国五大メーカー協定談合シテ我ニ迫ルアリ充分ノ警戒ヲ要スル所ナリ」[37]（三三年上期）、「大型変圧器モ三菱、日立、芝浦、富士、安川、明電舎ノ六社ニ比シ劣ラザルモノヲ多数製作シ海軍用陸上大型変圧器ヲモ受註シ得ルモノナリ、依ツテ前記六社ノ所謂電機製作者協定ノ価格ヲ牽制シ安価ニ良品ヲ購入スル為ニハ本社ノ購買名簿登録ハ最モ策ヲ得タルモノト認ム」[38]（大阪海軍監督長所見、三六年六月）。

この大阪海軍監督長所見に付されていた「電気製作者協定ニ関スル参考資料」[39]は重電機メーカー間の協定（カルテル）について以下のように説明している。

本邦電気器製作者中六大会社三菱、芝浦、富士、日立、安川、明電舎六社ハ互ニ競争ヲ避ケ各得意先ノ分野ヲ定メ価格ノ維持ニ勉メ互ニ協定セルヨリ三ケ年其ノ協定ハ益々堅固ニシテ其ノ売上高ノ五％ヲ其ノ都度協定事務所ニ積立其ノ金額ハ壱千万円以上ニ及ビタルト云フ事デス

以上ノ如クニ付万一官庁民間ヲ問ハズ得意先ガ六社以外ノ会社ヲモ指名サルルヤ六社ノ中取リ番ニナツテオル会社ハ其ノ価格ヲ低下シテ六社以外ノ会社以下ノ価トシ而モ其ノ損失ハコノ積立金ヨリ補充スル規定ニ相成ツテ居リマス

サレバ購入スル側ヨリ申セバ六社以外ノ会社ヲモ参加セシムル事ハ非常ナル特策《ママ》デアリマス

而シテ其ノ競争ノ最モ猛烈ナルハ変圧器ニシテ御存知ノ通リ大阪変圧器株式会社ハ変圧器専門製作者トシテ一流ノ新進デアリ本邦需要額小型印一〇〇キロ以下デ七〇%ヲ大型印一〇〇キロ以上ハ五割ヲ製造販売シテオリマス　サレバ六社ハコノ会社ヲ倒サント種々画策シマスガ資本確実ナル上ニ民間電力諸会社ガ大阪変圧器ヲ支持シコレヲ倒サンカ変圧器ノ価格ヲ引上ゲヲル事明カデアルカラ大阪変圧器ヲ支持シ相互相譲ラザルノ状況デアリマス　然レドモ官庁ハ入札制度ナルタメイツモ入札ニ際シテ六社ハ損ヲシテ大阪変圧器ノ下ヲ行ク様致シテ居リマスカラ大阪変圧器モ官庁方面ニ対シテハ一層競争ガ甚ダシイノデス

海軍各庁ニアリマシテハ一〇〇キロ以下ハ大阪変圧器ハ購買名簿ニ登録サレアルタメコレガ六社ノ受持日立製作所ガ常ニ其ノ下価ヲ入レテオリマス

一〇〇キロ以上ハ未ダ大阪変圧器会社ガ登録セラレテ居ラザルヲ奇貨トシテ其ノ価格ノツリ上ゲ勝手ナ事ヲヤツテオリマス主トシテ其ノ受持ハ明電舎デアリマス　サレバ工廠ニ依リテハ其ノ大阪変圧器会社ヲ参加セシムル場合ハ直チニ価格引下ケラル（後略）

海軍ニアリテハ本邦ニ大阪変圧器会社ト云フ変圧器専門製作者アリテ一〇〇キロ以上ノ未ダ登録セラレザルタメニ高価ナ変圧器ヲ購入セザルベカラザルノ様子ニシテ私ハ会社関係ト云フ立場ヲ離レテ単ナル一私人トシテモドウトカナラヌモノカト思テオリマス

コレハ既ニ大阪変圧器会社ガ民間諸官庁ヲ問ハズ凡テニ於テ認メタレテ居ルニ独リ海軍省ニハ一〇〇

キロ以下ニシカ認メラレナイ為ニ生スルコトデアリマスガ私ハ官ニ於テ安クテ確実ナ品ヲ買入ルル手段トシテモ仮リニ大阪変圧器ノ品ヲ採用セザルトシテモ此際大阪変圧器ヲ一〇〇キロ以上ニ登録正式加入セラレナバ官ノ方ハ同ジ品ヲ安ク買フコトガ出来ルト思ヒマス

大手重電機メーカーの販売協定（カルテル）は昭和恐慌最中の一九三一年五月に主要四社（芝浦製作所、日立製作所、三菱電機、富士電機製造）間で成立し、その後安川電機製作所と明電舎の参加を得て六社協定へと拡大した。三三年一二月に明電舎が加入した頃には「さつき会」という名称で社長会に近い形での会合が行われていた。一方三六年六月に重電機企業の業界団体として「八日会」が登場するが（成立時の会員企業は上記六社および東洋電機製造、小穴製作所、小田電気、電業社原動機製作所の一〇社）、同会も三六年以前からカルテル活動を行っていたことが知られている。八日会がさつき会の発展的解消によって生まれたものか、両者が並存していたのかは不明である。[40]

さつき会会員企業のなかで大阪変圧器が正面からぶつかったのが日立製作所であった。両社の激しい価格競争は一九二〇年代後半から約八年間にわたって続き、その間多くのメーカーが価格競争に耐え切れず小形変圧器生産から撤退した。日立製作所は二九年に柱上変圧器の専門工場を亀戸工場内に設置して量産による原価低減を図った。三一年二月には大阪変圧器の側から協定の申し込みがなされ、日立製作所側も乗り気であったが価格競争はその後も続いた。市場シェアにおける大阪変圧器の優位は維持され、三五年では日立製作所三五パーセント、大阪変圧器五六パーセントであった。しかし継続的な価格低下による打撃は大きく、三六年一一月に両社の協定が成立する。協定の内容は当時の大阪変圧器と日立製作所の販売比率七：三を二年度に均等するというものであった。[41] この協定は「むつき会」というカルテル組織によって運営された。両社のシェア目標が対等に定められたため、大阪変圧器の大幅な譲歩であったが、現実には大阪変圧器の受注が日立製作所を上回りがちであったため、実際の受注額との差額を大阪変圧器が日立製作所に支払った。[42] 戦時期に入ると日本電気機器工業組合が受注管理に乗り出したため、両社の販売協定は消滅した。[43] なお先にみた「東京某メーカーノダンピング」とは芝浦製作所であったが、同所は柱上変圧器市場への本格的進出を考えていた訳ではなく、在庫品処分の色彩が濃厚であった。[44]

大阪変圧器の強靭な価格競争力は専門生産がもたらす効率的な生産体制だけでなく、先にみたように原価構成において大きな割合を占める珪素鋼板を3S会からだけではなく、三二年一月以降川崎造船所からしかも3S会建値よりも安価に入手できたことに支えられていた。[45] 川崎造船所と大阪変圧器を仲介した三菱商事によると以下のような経緯であった。[46]

> 大阪変圧器会社が前記三電機会社（三菱電機、芝浦製作所、日立製作所―引用者注）に劣らぬ硅素鋼板T級品の実需家であるに拘らず、八幡から如何にしても三社並の待遇を得られなかった、我社は従前輸入品に付き同社と別懇の間柄であつたから、同社の為めに八幡に対し斡旋に努めたが結局容れられなかつた。（後略）
>
> 川崎は（中略）大阪変圧に対し3S会の建値より稍下値で供給した、大阪変圧の欣喜雀躍、大阪支店

の面目高揚推して知るべし、之れは昭和七年から九年頃までの事である。（後略）

日立は大阪変圧が何時までも出血競争に耐え、手を挙げる気配もないのに不審を抱き、実情調査に乗出して始めて川崎が製作し、我社が尻押しせることが明るみに出た、爾来我社及川崎に対する日鉄の風当りは強く3S会でも白眼視せられたが、大阪支店は頰被りして押通した（後略）

日支事変後は国家統制時代に入り、両社（日本製鉄と川崎重工業―引用者注）間に本品共販制度が成立したので、我社も天下晴れて川崎T級品を取扱ふこととなつた。

川崎造船所と大阪変圧器の関係についてさらに詳しくみると、一九三二年一月に小林愛三と資材担当の宮田一が川崎造船所製鈑工場を訪問すると、珪素鋼板の開発者で製鋼課主任の西山弥太郎が「大阪変圧器さんのお覚悟はいかがですか」と問われ、これに対して小林は「おたくで生産された珪素鋼板はたとえ在庫に残ってしまっても責任をもって全部うちで購入します。とにかく生死を共にします」と答えたという。大阪変圧器の覚悟を知った川崎造船所は大阪変圧器が必要とする珪素鋼板は輸入してでも間に合わせるとの約束をした。3S会の相場よりもかなり安くしかも安定的に仕入れることができたことが、大阪変圧器の価格競争力を支えたのである。[47]

大阪変圧器と日立製作所との競争には価格競争だけでなく、技術的な論争も含まれていた。変圧器のコイル絶縁処理方式にはワニス含浸方式とコンパウンド充塡方式があり、アメリカのGEやウエスチングハウス（WH）は後者を採用しており、両社から技術を導入した芝浦製作所や三菱電機もそれに従い、日立製作所も同様であった。これに対して大阪変圧器はワニス含浸方式を採用し、両方式が競い合っていたのである。[48]

また一九三二年から大阪変圧器はラジオ生産を開始した。旧中津工場を貸与していた村上研究所（ラジオメーカー）から技術者を受け入れて同年四月にラジオ部が発足し、「ヘルメス高級ラジオ」を発売した。不況期の多角化戦略であったが、ラジオ部は系列会社である内外変圧器および大同商業を併合して大阪無線として独立した。[49]

五　電気溶接機への進出

変圧器の専門メーカーである大阪変圧器は電気溶接機生産に乗り出すことになった。一九三三年末に大阪変圧器と大倉商事の間で同社の系列会社である東洋電気熔接機を譲り受ける了解が成立し、三四年三月頃には東洋電気熔接機の下瀬武男の技術指導を受け、さらに小林愛三の学友（電気工学科の一学年下）である京都帝国大学工学部の岡本赳教授[50]の協力を得て交流アーク溶接機の試作を開始した。小形工場の南側にあった荷造場（三六坪）を改造して溶接機工場とし、三五年三月には東洋電気熔接機から技術、機械設備、販路を譲り受けることが決定し、岡本教授を技術顧問に迎えた。[51]

大阪変圧器は目標を海軍工廠に絞り、各工廠の指定商人を代理人として積極的な営業活動を展開した。指定商人を通じて海軍艦政本部購買規格を入手した大阪変圧器はまだ購買名簿未登録であったため登録メーカーの納入価格より五％以上安価でなければ受注できなかったが、これは同社にとって問題ではなかった。アーク溶接機が見越品（市場生産）であったのに対し、抵抗溶接機は需要家の個別の仕様に応じる注文品であったため、技術的には後者の方が難しく、この分野でも大阪変圧器は大きく躍進することができた。[52]

六　戦時期の大阪変圧器

戦時期に入ると朝鮮、中国方面からの引合が増加した。一九三八年一月に京城出張所が設けられた。また同年には海軍からの要請で無線部東京研究所が設置され、線路検知器や接近検知器を製作するために三九年四月に東京工場（三鷹町）が開設された。東京工場は四四年一一月に軍の要請によって大阪変圧器と満洲投資証券の折半出資による三鷹無線工業（資本金一五〇万円）となったが、翌四五年に大阪変圧器は持株全部を満洲投資証券に譲渡した。また三九年四月には日立製作所との共同出資で満洲変圧器（資本金五〇〇万円）が設立されるが、これは両社の協調の証ともなるものであった。しかし外地経営の難しさを知った大阪変圧器は四三年に持株を日立製作所に譲渡し、出向者全員が満洲から引き揚げた。[53]

戦時期には鉄鋼、銅および絶縁材料などの主要資材が統制されただけでなく、製品についてもさまざまな流通統制が強化された。当初は資材の配給量が物資動員計画によって枠が定められているのに対し、電気機器そのものは物動計画に含まれていなかったため、常に受注機器より資材の方が少なかった。そこで三九年度第二四半期からは物動計画に計上された資材量の枠の範囲内で受注機器を統制するという方式がとられ、商工省機械局が需要家に対して電気機器の発注承認書を発行し、需要家は発注に際して発注承認書を付して発注することになった。三九年一〇月一八日に価格等統制令が公布され、電気機械について商工省は原案作成を日本電気機械工業組合に委嘱した。汎用電動機および標準変圧器について四一年九月に公定価格が指定され、電気溶接機についても四二年三月に指定された[54]。

戦時期に電気溶接機需要は急増した。当初予定の月産二〇台が三〇台、さらに五〇台へと生産計画の上方改定が相次ぎ、一九四〇年には一五五坪の溶接機工場が増設された。同年には三菱重工業名古屋航空機製作所へ航空機製造用の20000A軽合金点溶接機が五台納入されたが、生産に当たっては京大岡本研究室の長谷川光雄が指導に当たった。軽合金点溶接機については関連特許を有するGE社から特許に抵触するとの理由で東京芝浦電気を通じて厳重な警告と即時製造中止の通告があった。その後の交渉は紛糾したが、結局GEに特許使用料を支払うことで決着した。四三年には海軍艦政本部の要請によって自動アーク溶接機の研究が長谷川（四三年三月に入社）を中心にして開始された[55]。

一九四四年に長谷川は「点熔接機はもつと数さへ出ればドンドン使ふ場所はあるわけなんです。研究の方も非常に活発に進められ、最近では航空技術協会を中心に活発な討論が行はれてをります（中略）問題は如何にしてこの軽合金の点熔接機を多量につくるかといふことになる[56]」として鋲接に代わる点溶接の普及を訴えていた。

表 6-3　大阪変圧器の株主一覧（1937 年 5 月末現在）

氏名	株数	備考
品川良造	10,000	大阪変圧器専務取締役、西島変圧器代表取締役
品川良造	1,500	愛三の弟
眞野誠一	1,250	
小林愛三	1,250	大阪変圧器専務取締役
小林政治	750	大阪変圧器取締役社長、愛三の兄
品川正乃	620	
松本鉄次郎	600	松本（資）代表社員
品川清治	300	
河野與助	300	大阪変圧器監査役
宮城久米三郎	300	大阪変圧器取締役
永井楽一郎	220	
尾芝セイ	200	
有川敬次	200	
小林雄子	170	
植田安也子	150	
河野定子	150	
服部仁蔵	100	大阪変圧器監査役
磯原栄	100	
服部ヨネ	100	
釜野マサエ	100	
高井ちよ	100	
野田てい	100	
牧野順子	100	
野村清一郎	100	
西村良次	100	大阪変圧器取締役
平岩達也	100	
小林達夫	100	愛三の長男
川口源蔵	100	
大武寛	100	
小計	19,260	
総計	20,000	新株 1 万株、旧株 1 万株

［出所］大阪変圧器『株主名簿』（1937 年 5 月末現在）。
（注）品川良造の上段は新株。

一九三一年に小形変圧器（50kVA以下）は海軍購買名簿（通称赤本）に登録されていたが、大形変圧器（75kVA以上）と電気溶接機の登録は遅れ、海軍少将山本亀次が大阪変圧器の村田広舜と中学が同期であったためこの方面に働きかけたり、顧問の真本陸軍少将（予備役）および竹内海軍大佐（予備役）の尽力などによってようやく三八年一一月に登録された。三九年八月に大阪変圧器は陸軍指定工場および海軍指定工場になった。さらに四四年四月に軍需会社に指定された。[57]

一九三九年に陸海軍の指定工場になると監督官が派遣されるようになり、間もなく原価計算の実施を命じられた。しかし大阪変圧器では品種別・容量別に材料費・工費・工場費を計算して製造原価とし、これに営業諸経費および利益を加算して原価見積価格としたうえで市場価格をみて最終的な価格を決めており、確立された制度としての原価計算ではなかった。従って帳票組織においても不備な点が多く、四二年一一月からの海軍軍需品工場事業場原価計算準則に従った原価計算の実施に際しては、以前から原価計算を研究していた細川正也（三三年五月入社）がその業務を担った。[58]

前掲表6―1にあるように大阪変圧器の従業員数は一九四一年がピークであり、以後応召入営によって減少に転じた。減少した労働力は徴用工などで補うことができた結果、四五年になると人員は「むしろ過剰ぎみであった」が、問題は応召によって熟練した営業・技術・製造の担当者が減少したことであった。四四年以降になると主要資材の不足が生産の大きな隘路となった。[59]

前掲表6―1にあるように大阪変圧器の資本金五〇万円が全額払込済となったのは一九三六年下期であった。その後三七年上期に一〇〇万円、四一年上期に一五〇万円、同年下期二〇〇万円、四五年上期に四〇〇万円に増資された。戦時期の時局産業関連企業としては緩やかな増資テンポといえよう。表6―3は一九三七年上期末の株主一覧であるが、このとき大阪変圧器の役員は取締役社長が小林政治、専務取締役が小林愛三と品川良造、取締役技師長が宮城久米三郎、取締役が西村良次、監査役が河野與助と服部仁蔵であった。[60] 表6―3にあるように一〇〇万円増資に伴う新株一万株は品川良造が全株所有しており、旧株所有においても良造一五〇〇株、愛三一二五〇株であり、政治は七五〇株にとどまっている。宮城は三〇〇株、西村は一〇〇株、河野は三〇〇株、服部は一〇〇株である。一二五〇株所有の眞野誠一は東洋紡元常務取締役の長男であり、創業期からの株主であった。[61]

二〇〇万円増資後の一九四二年上期末では品川良造七八〇〇株、小林愛三六三八五株、眞野誠一三九〇〇株、小林政治三〇九五株、村田広舜（電気工商取締役）二五〇〇株、宮城久米三郎一七九五株、河野與助（輝道）一〇一五株、品川正乃九三〇株、西村良次八七五株、永井楽一郎六七〇株、有川敬次六二五株、松本寿尾（松本合資会社）五二五株の順であり、[62] 当初品川良造が独占していた新株三万株が分散所有されることで品川の持株比率が低下するものの、村田広舜の登場を除けば大株主の顔触れに大きな変化はなかった。

おわりに

柱上変圧器の専門メーカーとして電気機械業界において独自の地位を占めた大阪変圧器は小林政治、小林愛三、品川良造の三兄弟がそれぞれの役割を担いながら日立製作所、芝浦製作所、三菱電機といった大規模重電機メーカーに伍して着実に成長し、戦時期になると電気溶接機メーカーとしても重きをなした。政治の商人としての人的ネットワークが創業時の出資者を募るうえで大きな役割を果たし、京都帝国大学電気工学科卒の愛三が技術面を主導し、良造が営業を受け持った。政治自身後に「兄弟三人協力して経営して来たが、京大電気工学部出身の愛三が技術部門を、神戸高商出身の良造が営業部門を担当して、年少気鋭の両弟の献身的努力が酬ゐられ、逐年社業振興して」[63]と振り返っている。

資金面でも特別の後ろ盾もなく、変圧器の品質向上と専門生産による生産効率化を通じて低価格を実現していった大阪変圧器は日立製作所との厳しく長い競争にも耐えることができた。低価格は専門生産による面が大きかったが、同時に珪素鋼板という重要な資材を他社が依存した八幡製鉄所からのみではなく、三菱商事の仲介でより安価に川崎造船所から独占的に購入できたことが大きかった。さらに営業面でも単価契約や年度契約といった長期契約によって重要な顧客を囲い込みつつ、大阪変圧器は柱上変圧器市場において最大シェアを握ることができただけでなく、安川電機製作所の変圧器に関する技術と販路も継承することができた。

財閥系や他の資本系列に属していない中堅企業である大阪変圧器は資材調達、工場用地の確保、製品販売においてさまざまな商社と取引関係を結ぶことができた。内外電熱器変圧器工場買収の話が三井物産からもたらされる一方、生命線ともいうべき珪素鋼板の川崎造船所からの入手を仲介したのは三菱商事であった。

小林愛三自身が京都帝大電気工学科卒業の技術者であっただけでなく、宮城久米三郎、滝口三雄、大谷知栄蔵、三木省三、関惣助、下瀬武男といった他社勤務を経験した優秀な技術者を多数抱え、しかも愛三の後輩である京都帝大の岡本赳教授との太い結びつきが電気溶接機参入に際して大きな意味をもった。中途採用の技術者は第一電機製造、川北電気企業社、逓信省電気試験所、安川電機製作所、東洋電気熔接機などでの勤務経験を有していた。戦間期の電気機械業界における激しい企業間競争の結果、大阪変圧器を再就職の場とした技術者たちに主導された同社は製品開発、多角化を推し進め、独自の地位を築き上げたのである。

注

1 大阪変圧器社史編纂委員会編『大阪変圧器五〇年史』一九七二年、六一頁。
2 帝国興信所大阪本部「大阪変圧器株式会社」昭和八年六月一九日（アジア歴史資料センター、Ref. C05023242100）。
3 大阪変圧器社史編纂委員会編、前掲書、四二—四六頁。
4 同上書、四七—五一頁。
5 同上書、五二頁。
6 同上書、五三頁。
7 同上書、五六、五八、六〇頁。
8 同上書、七三頁。
9 同上書、七四—七五頁。
10 同上書、九五—九八頁。
11 同上書、一〇四頁。
12 同上書、一一五—一一六、一二二—一二三、一二六—一二七、一四五頁。
13 大阪変圧器『第一八回営業報告書』（一九二八年下期）二頁。
14 大阪変圧器社史編纂委員会編、前掲書、一三四—一四一頁。
15 同上書、七九—八三、八五頁。
16 同上書、九九—一〇〇頁。
17 「大阪変圧器株式会社」（『朝鮮公論』第一七巻第八号、一九二九年八月）一一三頁。
18 大阪変圧器『第三回営業報告書』（一九二一年上期）二頁。
19 大阪変圧器『第六回営業報告書』（一九二二年下期）二頁。
20 大阪変圧器『第八回営業報告書』（一九二三年下期）二—三頁。
21 大阪変圧器『第一〇回営業報告書』（一九二四年下期）二頁。
22 大阪変圧器『第十七回営業報告書』（一九二八年上期）二頁。

23 大阪変圧器社史編纂委員会編、前掲書、一五七―一五八、一六三―一六四頁。
24 大阪変圧器社史編纂委員会編、前掲書、一四七―一四八頁。
25 『東京朝日新聞』一九二八年八月八日、広告。
26 大阪変圧器社史編纂委員会編、前掲書、一五四―一五五頁。
27 大阪変圧器『第二四回営業報告書』（一九三一年下期）二頁。
28 大阪変圧器『第二八回営業報告書』（一九三三年下期）二頁。
29 大阪変圧器『第三〇回営業報告書』（一九三四年下期）二―三頁。
30 大阪変圧器『第三一回営業報告書』（一九三五年上期）三頁。
31 大阪変圧器『第三二回営業報告書』（一九三五年下期）三頁。
32 大阪変圧器『第三四回営業報告書』（一九三六年下期）二頁。
33 大阪変圧器「経営明細書」昭和11年（アジア歴史資料センター、Ref. C05035308100）。表6―1によると一九三六年の従業員数は七二九名であり、「経営明細書」の数値との違いの理由は不明である。
34 同上「経営明細書」。
35 大阪変圧器社史編纂委員会編、前掲書、一四五頁。
36 帝国興信所大阪本部「大阪変圧器株式会社」昭和八年六月一九日（アジア歴史資料センター、Ref. C05023242100）。
37 大阪変圧器『第二七回営業報告書』（一九三三年上期）、二―三頁。
38 松崎大阪海軍監督長「所見」昭和一一年六月二二日（アジア歴史資料センター、Ref. C05035308200）。
39 「電気製作者協定ニ関スル参考資料」（アジア歴史資料センター、Ref. C05035308200）。本文書欄外に「（一一、一一、一七）日新電機武内眞吉氏ヨリ三課長宛送付ノモノ」との書き込みがある。
40 さつき会、八日会の詳細については、長谷川信「さつき会（重電機カルテル）」（橋本寿朗・武田晴人編『両大戦間期日本のカルテル』東京大学出版会、一九八五年）参照。
41 ダイヘン編『ダイヘン百年史』二〇二〇年、五一頁。
42 長谷川、前掲論文、三〇九―三一〇頁。

43 ダイヘン編、前掲書、五二頁。
44 長谷川、前掲論文、三〇九、三一八頁。
45 同上論文、三一〇頁。
46 三菱商事編『立業貿易録』一九五八年、一二八―一二九頁。
47 ダイヘン編『ダイヘン百年史』二〇二〇年、四九―五〇頁。
48 大阪変圧器社史編纂委員会編、前掲書、一七六―一七九頁。例えば大沼榮一は「柱上変圧器絶縁処理法で最も重要なことは、耐湿力の強大と云ふことであるが、日立柱上変圧器処理用コムパウンドは、ワニスより耐湿力強大である」、「柱上変圧器処理法として、コンパウンド処理を施すことが此種機器が要求する諸条件に最も適応するものであると確信する」としてコンパウンド充填方式のワニス含浸方式に対する優位性を強調した（同「柱上変圧器絶縁処理法の検討」『日立評論』第一五巻第六号、一九三二年六月、三七頁）。
49 大阪変圧器社史編纂委員会編、前掲書、一八四―一八六頁。
50 京都帝国大学編『京都帝国大学一覧　自大正五年至大正六年』一九一六年、三八三―三九四頁。
51 大阪変圧器社史編纂委員会編、前掲書、一九八―一九九頁。戦前・戦中期の電気溶接機工業の動向については、沢井実『見えない産業―酸素が支えた日本の工業化』名古屋大学出版会、二〇一七年、第六章「電気溶接機工業の展開―戦前・戦中期」参照。
52 大阪変圧器社史編纂委員会編、前掲書、二〇二―二〇四頁。
53 同上書、二二一―二二九頁、および三菱商事編、前掲書、一二九頁。
54 大阪変圧器社史編纂委員会編、前掲書、二二九―二三二頁。
55 同上書、二三四―二三六頁。
56 「航空機増産の鍵　軽合金点熔接機座談会」（『熔接』第八巻第六号、一九四四年六月）二七頁。なおこの座談会は大阪変圧器において開催された。
57 大阪変圧器社史編纂委員会編、前掲書、二六一頁。
58 同上書、二六五―二六六頁。
59 同上書、二七三頁。
60 大阪変圧器『第三五回営業報告書』（一九三七年上期）八頁。

61 大阪変圧器社史編纂委員会編、前掲書、六六一頁。
62 大阪変圧器『株主名簿』（一九四二年四月末日現在）。
63 小林政治『毛布五十年』一九四四年、一一五頁。

第七章

山田多計治と大阪機械製作所

はじめに

戦時期に日本を代表する機械企業の一つに成長した大阪機械製作所の山田多計治社長について、一九三九年に刊行された『興亜財界新人譜』は次のように評した。[1]

> 大阪機械製作は氏によって興され、発展し、大を成した。徹頭徹尾、事業の歩みは氏の歩みである。経営者として求められる第一番の理想的な条件を具備してゐる（中略）大戦後のパニックに我が財界が一斉に苦吟してゐた時代が、氏の出発点である。他の整理期にあつて着々仕事の地歩を固めてゐたのだから、それに、実際問題として再禁止後の好況期も大いに手伝つてゐる。（中略）十九年前、たつた十五万円の資本金で始めた事業が現在千六百万円の大会社になつた。機械会社に之だけの急速な飛躍性をやつたのは氏一人だ。山田氏だから演り了はせたのである。氏が最初なのである。

「氏が最初」かどうかは別として、一九二〇年恐慌期に創業した大阪機械製作所が二〇年代を耐え忍び、満洲事変期から準戦時期にかけて多数の機械企業を買収合併する一方で紡績機械メーカーとして急成長し、戦時期に

図 7-1　山田多計治（内山弘・塚田正之助・星野庄吾『長岡の鉄工業―機械産地への道程』パロール、1984 年からの転載）

は時局産業に転換してさらに成長を続ける姿は注目の的であった。

本章ではこの戦間期、戦時期における急成長企業である大阪機械製作所と経営者山田多計治の歩みを追跡し、同時に同社が有力紡績機械メーカーに成長するうえで大きな役割を果たした本田菊太郎に注目する。第一次世界大戦期に成長の端緒をつかんだ機械工業は一九二〇年代になると一転して苦難の道を歩むことになる。日本市場に復帰した海外メーカーとの競争が激化し、それまで機械工業をけん引して来た造船業もワシントン海軍軍縮と古船輸入の影響を受けて長期の低迷を余儀なくされた。戦間期における電化の進展を追い風とした電気機械工業や鉄道省からの安定的発注が続いた鉄道車輌工業は別として、多くの機械工業諸部門は苦しい経営に呻吟した。[2] 安定した軍官需に結びつき得た訳でもない大阪機械製作所はいかにして長期不況を乗り越え、満洲事変後の好景気のチャンスをつかむことができたのか。同社を率いた山田の企業者活動を分析し、同社を日本有数の紡績機械メーカーに押し上げた本田菊太郎の役割を検討することは、後発工業国日本の機械工業が長期不況を潜り抜け、成長するためには何と格闘しなければならなかったのかを明らかにする意義があるといえるだろう。

一九三〇年代の綿紡織機工業の頂点には、紡績機械プラント一式と自動織機を生産できる豊田式織機と豊田自動織機製作所の両社が位置し、続いて大阪機械製作所、大阪機械工作所、寿製作所の紡績機械メーカーが存在し、さらに織機専業メーカーが続いた。[3] リーディングカンパニーである両豊田社に対する言及は多いものの、[4] 大阪機械製作所をはじめとする二番手企業に関する研究はほとんどないが、[5] こうした企業は独自の製品によって紡織機業界に活力を吹き込み、巨大産業である綿紡績業の展開を支えた。綿紡績業に基幹的設備を供給し、両豊田社に競争をいどんだ二番手企業の動向を検討することは繊維機械工業のダイナミズムを考えるうえで独自の意義を有している。

また山田多計治は津上退助や大河内正敏といった日本の機械工業を特徴づける人びととの交流も深めた。新潟県で生まれ育ち、長岡を経営活動の拠点の一つとした山田は「農村の工業化」構想を彼らと共有した。その点からも山田は戦間期、戦時期における機械工業の展開を体現する人物の一人であった。機械工業は一部で軍需と深く結びついていたが、民需を基盤とする機械工業の代表的存在が紡織機工業であった。しかし民需に基礎を置いた機械工業は戦時期になると製品転換を余儀なくされた。この製品転換をめぐって山田と本田の間に亀裂が生じることになった。機械工業の多くは東京、大阪、名古屋などの大都市の産業集積を基盤としていたが、準戦時期、戦時期になると国防と産業配置の観点から「農村工業」、「科学主義工業」としての機械工業が提唱されるようになる。その旗頭が理研コンツエルンであり、新潟県における工場展開が注目された。民需に基盤をおいた機械工業に二番手企業として活力を吹き込み、理研企業集団や長岡の津上製作所などとともに地方における機械工業の展開をけん引した山田多計治、および優れた紡績機械技術者であった本田菊太郎は、ともに戦間期、戦時期を通して日本の機械工業の可能性を押し拡げる役割を果たした経営者、技術者であった。

一　独立まで

谷内田多計治は一八八八年に長岡市に生まれ、一九〇九年七月に東京高等工業学校機械科を卒業後新潟水力電気発電所に入った。東京高等工業の同期生五九名のなかには呉海軍工廠造機部に入った稲毛（岡本）覚三郎（岡本工作機械製作所創業者）や神戸長崎造船所に入った深尾淳二（三菱重工業名古屋発動機製作所長）などがいた。[6] 次いで一二年に長岡鉄工所組合に転じ、[7] ここには同窓の渡辺嘉政が技術担当取締役をしていた。一三年に谷内田は取締役に就任し、宝田石油の付属工場ともいうべき長岡鉄工所でその有能さを認められ、宝田石油の創業者である山田又七の養子となった。[8] 一五年に長岡鉄工所はロシアから信管製作用旋盤一三台を受注するが、その責任者となったのが山田多計治であった。[9] その後山田は製鋼・鋳造法を実地に研究するため一六年に大阪の伊藤製鋼所に転じ、同社大仁工場技師長に就任した。[10] もう一つの指摘では「大阪へ出て西淀川区の某機械工作所へ飛び込み此処でミッチリ実地教育を受けた。結局、この町工場が氏の理想を実現させる踏台となつた訳だ」[11] とある。伊藤製鋼研究所とこの「町工場」あるいは「大阪機械工作所」の関係は定かでない。

創業時の状況を山田多計治は以下のように回顧している。[12]

会社を始めたが、その時には、自分の処ではウンと安く売れると云ふ、強い信念を持つて居た。それまでには随分研究もした。色々調べて見ると、どうも鉄工業ほど非合理で固まつて居るものはない（中略）同業者が皆さう云ふ非合理化でやつて居るのだから、これを巧く合理化したらば、何処の工場よりも安く出来ると云ふことに気が付いた。そしてそれを根底としてスタートしたものだから、自分の処では非常に安く出来ると云ふ、強い自信の下に始めたのである。

独立創業を考えていた山田は鉄工所経営について大阪でよく調査研究し、経営の非合理な面を改善できれば規模は小さくとも十分に競争に伍していけるとの自信を深めたうえで創業した。

二　多品種少量生産の継続―一九二〇年代―

「この会社（山田が勤務していた会社―引用者注）は大正のパニックで閉鎖のやむなき至ったため、山田氏は出身地である新潟県長岡市の山田家一統の出資によって、大阪機械製作所」[13]を設立した。一九二〇年二月に山田多計治は大阪機械製作所（資本金一五万円、半額払込）を設立し、野田工場（後の大阪工場野田分工場）で工作機械、鍛造機械の製作を開始した。二一年一〇、一一月に大阪で開催された農商務省主催工作機械展覧会に創業間もない大阪機械製作所は片持ち形平削盤を出品して三等を受賞するが、野田工場の設備が整備されていなかったため、ベッドなどの大物は長岡鉄工所で加工し、ねじ棒の焼入研削仕上げは住友私立職工養成所に依頼し、最終組立は池貝鉄工所で修業した加藤某が行った。[14]創業に際して工作機械を選択したのは山田の自信の表れであったかも知れないが、一九二〇年代になると工作機械の需要は激減し、大阪機械製作所がその生産を継続することは不可能であった。大阪機械製作所は二三年一〇月に佃工場（後の大阪工場）を建設して鍛造品の製造を開始し、さらに製罐工場を設置して製罐、汽罐製造に進出した。二七年になると紡績機械の生産を本格化するため佃工場を拡張して機械（紡機）工場を設置した。二九年五月に山田は出身地である新潟県長岡市の北越機械工業を買収して北越機械製作所と改称したうえで石油鑿井機の生産を開始し、続いて三一年三月に上海共同租界に工場を設置、大豊鉄廠と称して紡績機械を生産し在華紡各社に販売した。[15] 工作機械に代わって鍛造品、製罐、汽罐、さらに石油鑿井機と製品を多角化し、さらに上海に工場を設けて在華紡からの需要を摑むことで、大阪機械製作所は長期不況を乗り切ろうとしたのである。

一九二一年の大阪機械製作所の役員は取締役が山田多計治、瀬島猪之丞、[16] 山田又司（又七の長男、多計治の義兄）、坂井権吉（長岡鉄工所関係者）、監査役が川上佐太郎、羽室庸之助、[17] 杉本眞太郎（京都府にて鉄工業経営）であり、技術者として山田多計治と岡崎三郎（十九年に大阪高等工業学校機械科卒業）がいた。[18] 社員は四名、職工は三〇名、製品は「『オープンサイド、プレーニングマシン』、『ペッヘー』式『エヤーハンマー』、高級印刷機械、『クラヴユア』印刷機械、製壜用鋳型等」であった。[19] また工作機械展覧会出品時の設備機械構成は旋盤八台、ボール盤三台、平削盤一台、形削盤二台、フライス盤三台、研磨盤一台、合計一八台であった。[20] 山田は創業期を「私の工場は大正九年の七月に運転を始めた。丁度財界の反動に遇ふて一時は解散説も出たが、私は相当の自信を持つて居たので、そのまゝ事業を継続した。事業を始めた頃は、まだ需要もまだ、物価の高い時だつたから設備は決して安いものではなかつた。また、運転を始めた頃は、まだ需要も少かつた。それであつて、尚且つ利益を挙げ得たと云ふのは一般が非合理的であつたからである」[21]と回顧している。

一九二三年になると払込資本金が七万五〇〇〇円から八万二〇〇〇円に増加し、取締役四名に変化はなかったが、監査役は杉本眞太郎と羽室庸之助の二名となった。社員は七名、職工は五〇名に増加し、分工場として佃鍛工場を設置した。[22]同年一〇月に大阪機械製作所は関東大震災で被災したシース製の立旋盤を二五〇〇円で購入し、二五〇〇円をかけて更生修理し、二五年一月に阪神電鉄・尼崎工場に八二〇〇円で納入した。[23]二五年にも役員に変化はなく、社員は一四名、職工は本工場（敷地三〇〇坪、建坪一七〇坪）五〇名、分工場（敷地五〇〇坪、建坪二〇〇坪）二〇名であった。山田多計治が技師長を兼務し、主要な技術者として岡崎三郎、高野仁慈（二一年に大阪高等工業学校機械科卒業）、石塚久太郎、米田茂利、秋山鉄二がいた。[24]製品は高級工作機械、鉄塔、製罐一式、セメント用鋼球、空気槌、ポンプといまだ基軸商品は定まらず、多品種少量生産を続けた。[25]不況期にもかかわらず職工数は徐々に増加しており、自らも含めて技術陣に高等工業学校卒技術者を擁するなど、大阪機械製作所は技術基盤の確かな中堅企業に成長しようとしていた。

一九二七年七月には本田菊太郎が入社して機械部主任となり、佃機械工場では各種紡績機械およびフリューテッドローラ（筋ローラ）、リング、スピンドルなどの紡績部品を生産した。[26]一八九〇年生まれの本田は山陽鉄道実習学校を経て〇七年に三菱神戸造船所に入り、一六年に大阪電燈に転じ、翌一七年から豊田式織機泉尾工場（元木本鉄工）で工具室長を務めた現場叩き上げの技術者であった。[27]泉尾工場において本田はフリューテッドローラの溝を切るためのフルーティングマシンを考案した優れた技術者であり、その本田が入社することで大阪機械製作所の紡績機械の開発力が一挙に強化されたのである。[28] 二二年にすでに「大阪機械製作所（豊崎町）で不景気対応策として研究の結果漸く本年五月純《ママ》紡機の一部分たる綿糸練條機、綿糸始紡機、綿糸中紡機、綿糸練紡機の完成をなしたが尚成功迄には多少の余地がある将来有望な事業である」[29]と報じられたが、大阪機械製作所の紡績機械への取り組みはその後も継続された。二九年には佃機械工場は早くもフリューテッドローラの専門製作工場として知られるようになり、「従来の船来品万能の声を一蹴し超越するとも絶対遜色なき優良品の製作に完成し、斯界最高権威として各会社工場より好評を博するに至つた」[30]のである。ここに創業七年目にして本田の参加を得て大阪機械製作所は将来の飛躍の礎石となる紡績機械、紡機部品の生産を本格化させることができた。

一九二八年になると製品は高級工作機械、片持ち平削盤、水圧機械、空気槌、重油発動機、セメント用鋼球などであり、さらに絹綿紡績用フリューテッドローラがあった。依然として役員に変化はないが、山田が専務取締役となった。本工場は五〇〇坪（建坪二〇〇坪）に拡張され、社員は二八名、職工は九五名に増加した。佃機械工場は敷地一五〇〇坪（建坪二〇〇坪）、職工は三〇名、佃火造工場は敷地五〇〇坪（建坪一七〇坪）、職工三〇名であり、三工場合計の職工数は一五五名に達した。[31] 二九年四月に長岡市の北越機械工業を買収して北越機械製作所と改称したが、同製作所の職員は七名、職工は三五名であった。昭和恐慌期の三一年にも本工場の社員は三三名、職工は二四五名、佃機械工場の職工は一三〇名、佃火造工場の職工は三〇名と二八年を大きく上回った。[32]

表7―1・表7―2にあるように大阪機械製作所の資本金一五万円は一九二七年上期までに全額払い込

まれ、二七年下期に三〇万円（三〇年上期に全額払込済）、三〇年下期に六〇万円（三二年上期に全額払込済）、三二年下期に七五万円（三三年上期に全額払込済）、三三年下期に二五〇万円（三五年上期に全額払込済）、三六年下期に八〇〇万円、三八年上期に一六〇〇万円、四二年下期に二〇〇〇万円と七回増資された。払込資本金七万五〇〇〇円で出発した大阪機械製作所は昭和恐慌後に急成長し、戦時期には大規模な機械企業となった。

表7―1から一九二〇年代の利益金の推移をみると、対前期比減を示す期間が五期あるとはいえその規模は着実に増加し、紡機部品の生産を

表 7-1　大阪機械製作所の営業成績（1）

期別	払込資本金（円）	利益金（円）	配当率（%）	注文引渡高及雑収入（千円）	工場建物坪数	従業員数（人）
1920 年上期	75,000	2,034	-			
下期	75,000	6,632	10			
21 年上期	75,000	5,558	6			
下期	75,000	7,503	10			
22 年上期	75,000	8,522	10			
下期	78,737	8,501	10			
23 年上期	81,818	8,306	11			
下期	85,000	11,693	12			
24 年上期	100,625	13,056	12			
下期	122,100	13,054	12			
1925 年上期	122,100	11,368	12			
下期	122,100	13,494	12			
26 年上期	122,100	17,418	12			
下期	126,750	17,608	12			
27 年上期	150,000	24,429	15			
下期	152,055	26,248	10			
28 年上期	187,500	29,555	15			
下期	193,750	30,682	15			
29 年上期	243,400	38,170	15	485	1,325	284
下期	268,750	45,171	15	483	1,525	310
1930 年上期	300,000	47,843	15	542	1,697	356
下期	337,500	46,446	12	398	1,967	360
31 年上期	375,000	35,048	10	446	2,167	458
下期	385,800	40,680	10	578	2,495	675
32 年上期	600,000	65,973	10	837	4,508	959
下期	673,750	81,073	10	1,018	4,566	1,013
33 年上期	750,000	155,270	15	1,275	6,061	1,305
下期	1,187,500	253,946	18		6,430	1,390

［出所］1932 年上期までは「大阪機械製作所の増配及増資」（『ダイヤモンド』1933 年 3 月 21 日号）8 頁、32 年下期～ 33 年下期は大阪機械製作所『営業報告書』各期、ただし注文引渡高及雑収入、工場建物坪数、従業員数は「増資躍進する大阪機械製作所」（『東洋経済新報』1933 年 9 月 16 日号）33 頁。

本格化させた二七年以降はその勢いを加速させ、昭和恐慌期の打撃も相対的には軽微なものであった。従業員数をみても昭和恐慌期に増加しており、本工場と佃機械工場の好調さを物語っていた。

一九二〇年代の配当政策および山田の人物評価について、『ダイヤモンド』誌の石山賢吉の次のような指摘がある。[33]

（会社設立時の払込資本金七万五〇〇〇円について—引用者注）知己友人の出資金は、株式応募の形式ではあつたが、内実は山田君を援ける義侠的の出資金であつた事は云ふまでもない。（中略）山田君は此の事情を能く察した。（中略）金輪際資本を出して呉れた人に迷惑を掛けまいと、心に誓つた。（中略）大正九年下期の初配当が一割、其の次期は火災か何かの為めに六分に落したが、其の

表 7-2　大阪機械製作所の営業成績（2）（千円、人）

期別	公称資本金	払込資本金	当期利益金	総株主数
1932 年下期	750	674	81	53
33 年上期	750	750	155	78
下期	2,500	1,187	254	872
34 年上期	2,500	1,624	382	583
下期	2,500	2,062	479	459
35 年上期	2,500	2,500	531	465
下期	2,500	2,500	585	452
36 年上期	2,500	2,500	623	423
下期	8,000	3,937	1,139	455
37 年上期	8,000	5,291	1,009	917
下期	8,000	6,646	1,086	1,107
38 年上期	16,000	11,200	1,234	1,131
下期	16,000	11,200	1,417	1,553
39 年上期	16,000	11,200	1,773	1,690
下期	16,000	11,200	2,022	2,056
40 年上期	16,000	11,200	1,807	2,272
下期	16,000	14,000	1,833	2,352
41 年上期	16,000	14,000	1,048	2,264
上期	16,000	14,000	2,010	2,260
下期	16,000	14,000	2,220	2,213
42 年上期	16,000	14,000	1,939	2,406
下期	20,000	18,667	2,040	2,462
43 年上期	20,000	18,667	2,318	2,658
下期	20,000	20,000	2,650	3,125
44 年上期	20,000	20,000	3,066	3,152

［出所］大阪機械製作所『営業報告書』各期。
（注）1941 年上期の上段は 1 ～ 3 月期、下段は 4 ～ 9 月期。

翌期に直に一割に恢復し、それから一割二分に増し、一割五分に高め、金解禁の最不景気時代にも一割の配当は欠かさなかつた（前掲表7―1参照―引用者注）。（中略）山田君は技師でありながら、極めて経済的打算に長じて居る。（中略）彼は打算に長じた経済的の技術家である

一九二九年六月末には機械部主任に本田菊太郎、火造部主任に米田茂利が就任しており、役員は山田多計治専務取締役、取締役は山田又司、坂井権吉、瀬島猪之丞、監査役は羽室庸之助であった。[34]

三　紡機生産の拡大

精紡機の一貫生産が可能となった大阪機械製作所は湖東紡績能登川工場からリーター式精紡機[35]（一台四〇〇〇円、一錘当たり九円五〇銭）を受注し、一九三〇年一〇月に納入した。本田の精紡機開発は継続され、リーター式精紡機を踏まえてミドル・ローラをフロント・ローラに接近させるためにエプロンバンド（ドラフト装置に使用する皮製または合成ゴム製の無端帯）を使用することを考え、ローラの線による篠の把握を面による把握にもって行こうとしたのである。しかし三二年にスペインのカサブランカスがエプロン式ハイドラフト装置が実用段階にあることを発表し、これを知った本田は先手を打たれたとの思いを深めた。[36]ドラフト（牽伸）装置の問題（短繊維が両ローラに把握されないで浮遊繊維となり、長繊維が切断される場

合がある）を改善するために考案されたハイドラフト装置として、エプロン式のカサブランカ式は画期的な意義を有したのである。[37]

一九三二年からカサブランカス式精紡機の生産が日本でも行われるようになったが、三菱商事が仲介者となって京都の寿製作所でまず開始された。同年六月には一手販売権を有する三菱商事と大阪機械製作所との交渉がまとまり、大阪機械製作所と寿製作所が平等にカサブランカス式を生産することになった。七月一九日に寿製作所はカサブランカス・リミターダ社と正式契約し、契約締結と同時に一〇万円、製作販売数が三五万錘に達する毎に三万五〇〇〇円を支払うことになった。大阪機械製作所は改めて寿製作所と契約し、特許実施料と受注量を両社で折半することになった。[38]

この三社の契約は三菱商事によると、独占製作権は「表面は寿の独占であるが、内実は寿と大阪機械製作所との間に契約あり、両社平等に分権せられ、唯カサ社に対しては寿が全部の権義を代表し」、独占販売権については「販売権は名実共寿独占であつて、大阪機械は其製作品を一定価格を以て寿に売渡し、寿は之にローヤルテイー及自己利潤を加算し、我社を経由して販売するのである。我社は注文が寿、大阪両社に成る可く平等となるよう調整した」。しかしカサブランカス式の優秀さを知った紡績会社のなかには寿に注文しないで無断で改造する会社もあった。寿製作所はこの特許権侵犯に対して訴訟を起こすことができたが重要顧客である紡績会社と争うことはせず、代わりに改造に協力したとして大阪機械製作所を提訴した。[39]一九三五年九月に寿製作所は「寿と共同作製の契約のある大阪機械製作所では最近秘密裡に同機の模倣品を製作販売しつつあるため契約違反、特許権侵害」として訴えた。[40]この特許係争は長引いたが、後に両社の間で示談が成立した。[41]

カサブランカス式精紡機が技術開発の完成ではなかった。本田はその後もカサブランカス式の改良に努め、一九三五年春には画期的なクレードル（エプロンを抱いている枠）方式を発明した。カサブランカス式は機構が複雑なため旧設備をこれに換えることは容易ではなかった。より機構の複雑でないクレードル方式を採用したＯＭ式Ａ型ハイドラフト精紡機が三五年六月に完成した。従来の牽伸率が四～一〇倍であったのに対し、本装置では二〇～三〇倍となり、高能率のドラフトが可能となった。発売から三年間でＯＭ式Ａ型ハイドラフト装置付精紡機の新設は一一八万七〇六〇錘、この型式に改造した旧設備は二一一万五九六四錘に及んだ。一方寿製作所との特許係争の関係からＯＭ式Ａ型ハイドラフト装置付精紡機の販売が制約されたため、別会社から販売すれば問題ないとして大阪機械製作所はオーエム式超ハイドラフト紡機製作所を設立し、これを三六年二月にオーエム紡機製作所（資本金一〇万円）とした。[42]

カサブランカス式にヒントを得て大日本紡績でもエプロン式ハイドラフト精紡機が開発され、栄光式と呼ばれた。大日本紡績の今村奇男の指導の下で、栄光式ハイドラフト精紡機は豊田式織機と豊田自動織機製作所で製作され、さらに東洋紡績の中村卓爾が開発したＴＮ式も登場した。こうしてカサブランカス式に刺激されて、一九三〇年代半ばにはさまざまな国産ハイドラフト精紡機が登場することになった。[43]

四　積極的企業買収の展開―一九三〇年代―

昭和恐慌期を乗り越えた大阪機械製作所は一九三三年三月に昭和工作所（大阪市）を合併、次に東洋紡績の修理工場であった中央鉄工所（名古屋市）を買収、昭和工作所大阪工場および三重工場を中央鉄工所に移転して名古屋工場とし繊維機械を製造した。三六年時点の名古屋工場（工場長は高野仁慈）の職工数は五九四名、名古屋市内の繊維機械工場としては豊田式織機新川工場二〇五八名に遠く及ばなかったが、豊田式織機（西区島崎町）五六八名を上回った[44]。次に三三年四月に長岡鉄工所株式の過半数を買収して経営権を獲得し、同所では工作機械、石油鑿井機などを生産した。三五年五月には尼崎工場（後の尼崎本工場）が操業を開始して鉄槽、汽罐、鍛造品、鉱山機械、鍛造機械、鋳鋼品、繊維機械などの生産を行った。三六年八月に長岡鉄工所を合併して同所を長岡支店とした。戦時期になると三九年八月に尼崎分工場を建設して尼崎本工場の鉄槽、汽罐生産を移転した[45]。

一九三三年下期の役員構成は山田多計治専務取締役、取締役が山田又司、本田菊太郎、坂井新治（次）（坂井権吉の三男）[46]の三名、監査役が斎藤恒一（斎藤恒三東洋紡績社長の長男）と阿部繁一（四〇年現在北斗電球社長）であり、この構成は三六年上期まで変化がなかった[47]。三六年下期に山田多計治が取締役社長、本田菊太郎が常務取締役（三七年下期に専務取締役）に就任した。重役陣の大きな変化は三八年上期に生じた。本田が相談役に転じ、新しい専務取締役には服部鉄三郎（東洋紡績系）[48]が就任し、取締役には浜崎照道[49]、片山通夫[50]、津上退助（三九年上期退任）の三人が加わった[51]。さらに四〇年上期には岡崎三郎、高野仁慈、藤井忠一、神谷春洋の四名が取締役に加わるが、岡崎と高野はともに大阪高等工業学校機械科出身の生え抜きの技術者であり、藤井は鴻池信託の常務取締役、神谷は大阪機械製作所生え抜きの社員で総務部長を経て取締役に就任した。[52]

一九三二年下期を「全工場ハ頗ル多忙裡ニ終始シ職工ノ増員設備ノ補充ヲ行ヒ製造高ノ増加ニ努力セリ」[53]と評価した大阪機械製作所であったが、前掲表7—1にあるように三一年上期から増加しはじめた従業員数は三一年下期から三三年上期にかけて急増した。また前掲表7—2にあるように三三年下期に資本金が七五万円から二五〇万円に増加すると株主数も七八名から八七二名に急増し、大阪機械製作所の株式所有構造は大きく変化した。しかし三三年上期の大株主は山田多計治五三八〇株、東洋紡績二五〇〇株、川上同族一二〇〇株、坂井権吉五二〇株、前田與次郎四〇〇株、佐藤行雄四〇〇株、阿部繁一四〇〇株、山田又司三〇〇株、内外綿三〇〇株、三四年下期は山田多計治一万一〇二五株、東洋紡績三〇〇〇株、稲庭庄次郎一八五〇株、前田與次郎一六四五株、坂井新次一一〇一株、川上同族一〇〇〇株、駒形宇太七一〇〇〇株、阿部繁一七五〇株、本田菊太郎七〇〇株であり、創業者山田多計治の最大株主としての地位に変化はなかった。[54]

工場別の資産規模をみた表7—3によると一九三二年下期〜三四年上期の本社工場と佃機械工場の規模はほぼ等しく、名古屋工場はその半分程度、上海工場（大豊鉄廠）の拡大は一九三〇年代半ば以降であることがわかる。上海工場は従来年一万円程度の赤字といわれていたが、三四年下期から黒字を計上できるようになり、このことが拡張の前提となった。[55] 貸借対照表の科目表示が必ずしも一貫していないため長期にわたって把握することができないが、三六年下期の長岡支店の規模は佃工場にほぼ匹敵した。大阪機械製作所は既存企業・工場を買収することでその規模を拡大していった。昭和工作所、長岡鉄工所だけでなく、三三年に原口電機製作所、三四年に大阪車体製造、三六年に帝国精密工業も傘下に収めた。[56]こうした買収合併戦略だけでなく、三五年五月の尼崎工場の操業開始は大阪機械製作所が新たな基幹工場を手に入れたことを意味した。

大阪機械製作所の買収合併戦略について一九三三年八月に以下のように評された。[57]

> 当社が進展して来たのは、巧みな経営に基づくのは勿論であるが併し、多くは他工場を割安に買収、又は合併して膨張した為である。即ち嘗て製作工業界不振の折経営難に陥れるものを非常に割安に買収した。（中略）例えば、其主なるものをあげると、昭和工作所、中央鉄工所（共に東洋紡績系）の如きは

表 7-3　工場別勘定の推移

（円）

工場別	32年下期	33年上期	33年下期	34年上期	34年下期	35年上期	35年下期	36年上期	36年下期	37年上期	37年下期
本社工場	145,725	147,003	261,973	236,940	480,733	160,878	135,874	107,008	94,593		
佃機械工場	25,632	169,687	226,805	256,456							
佃火造工場	17,266	20,698	20,195	12,794							
佃鋳物工場			27,247	31,210							
佃工場					359,333	529,416	518,103	525,268	490,993		
名古屋工場	100,054	112,661	119,243	135,560	186,051	265,546	262,019	131,473	134,136		
長岡工場	31,578	105,268									
長岡鉄工所			30,559								
長岡支店									429,692		
ドリル工場	32,965	40,535	39,748								
上海工場	24,045	26,496	26,068	17,932	30,167	35,800	52,677	138,152	91,115	116,765	119,603
東京工場				22,941	26,997						
ヘルド工場				7978	12,294	12,260	8,408	11,253	3,357		
原口電機製作所					132,356	10,329	17,593	60,420	2,099	60,464	84,804
尼崎工場建設勘定					334,680	737,582					
尼崎工場							1,251,038	1,428,275	180,207		
帝国精密工業									358,000	619,212	479404

［出所］大阪機械製作所『営業報告書』各期。

投下資本の約十分の一位ひで引受けてゐる。其他の買収も、概ね著しい低評価となつてゐる。

買収合併戦略はその後も継続され、前掲表7―3に登場する東京工場も扶桑電機を買収したものであった。[58] 中央鉄工所の買収について詳しくみると以下のようであった。[59]

此の工場は元中央鉄工所と称へ、東洋紡績の子会社であつた。それが遣り切れなくて山田君から買つて貰つた。其の譲渡価格は僅か九万五千円であつた。借地にもせよ四千坪からの土地に建設された鉄工所である。初めからの投下資本を計算すれば、百万円余りに達して居る。時価建設にしても五十万円は掛ると云ふ工場を、其の五分の一で譲渡したのだから、之に依つても当時に於ける此の工場の経営難が察せられる。

一九三六年当時、元中央鉄工所を継承した名古屋工場では綿糸紡績で使用するコーミングマシン（一台八〇〇〇円程度）を月産一五～二〇台生産した。[60]

かつて山田多計治が技師長を務めた長岡鉄工所の一九三三年四月の株式買収についても「長岡鉄工場も赤字で困つて居た会社であつた。そこで此の会社の買収談が行はれた時は既に鉄工界の景気がよくなつて居た時代であつたにも拘らず、長岡鉄工所の株主連は、其の持株を払込の六掛で譲渡したのである。此の鉄工所も山田君の手に移ると忽ち赤字が変じて黒字となつた」。[61] 買収当時公称資本金二〇万円（払込一四万円）の長岡鉄工所が三六年には公称資本金五〇万円（払込三五万円）となり、一割五分配当を行った。[62] この長岡鉄工所を三六年八月に合併して大阪機械製作所長岡支店とした。三五年一〇月現在の長岡鉄工所は本社工場（敷地約三〇〇〇坪、建坪一五二八坪）と蔵王工場（敷地二〇〇〇坪、建坪一〇二六坪）からなり、職工数は本社工場が三〇〇名、蔵王工場が二〇〇名、両工場の工場長は阿刀田甲子児[63]であった。主要製品は工作機械、各種ポンプ、石油鑿井・製油機械、ロードローラ、各種製罐工事などであった。[64]

「山田君の会社には、機械製作工場に対して定めた厳密な規格がある。それを持つて行つて買収工場に当て嵌め、仕事の仕方を変へる。（中略）其の根本を尋ぬれば、其の方法は矢張り作業の単純化である」といわれ、「山田君は、熟練職工主義であつて、同時に亦不熟練職工主義である。中間の中途半端な職工は置かない」、単純化し得る場所には不熟練工を配置し、そうでないところには熟練工を置く、これが山田の考え方であった。こうした「打算に長じた経済的の技術家」山田は新潟県において農村工業、科学主義工業を推進していた大河内正敏と意気投合し、理研ピストンリング（一九三四年三月設立）の監査役に就任した。[65] 三四年八月末現在、理研ピストンリングの最大株主は大河内正敏二万四六八三株であったが、第二位は山田多計治一八〇〇株であった。[66]

大河内が提唱する「農村の工業化」について、一九三五年に山田は以下のように述べた。[67]

工業の都市集注《ママ》は最早その時代でない。通信運輸交通の利便は都鄙によつて何等の懸隔がなくなつてゐるのであるから、安価な土地と安価な労力を提供して呉れる農村地方へもつて行つてドンドン工場を建設し、農家の子弟を収容して之に酬ゆる労銀を以て彼等の乏しき家計を潤す事は、一面国家的に見たる農村対策としても当を得たるものであり、一挙両得の結果を得る事になる。余は先年越後長岡に二工場を買収して着々その効果を収めつゝある

一九三五年の大阪機械製作所の株式所有状況は、長岡鉄工所（資本金五〇万円払込済）八四〇〇株、原口電機製作所（資本金五〇万円うち二〇万円払込）一万株、理研ピストンリング（資本金六〇〇万円うち二七〇万円払込）払込済旧株一八〇〇株、四分の一払込新株二七〇〇株、大阪車体製造（資本金一〇万円、全額払込済）一〇〇〇株であった。原口電機製作所は三四年三月に買収した扶桑電機と同年末に買収した原口電機製作所を一体にして三五年一月に創設した新会社であった。また大阪車体製造はゼネラルモータースの第二工場を豊国自動車と共同で買収したものであった。[68] さらに三六年には帝国精密工業（資本金三〇〇万円全額払込済）の株式約半数を買収し、同社取締役社長に山田多計治、専務取締役に本田菊太郎、取締役に岡崎三郎、高野仁慈がそれぞれ就任して同社を傘下に収めた（前掲表7―3参照）。[69]

営業状況についてみると、一九三四年上期の大阪機械製作所は「綿紡機ハ紡績各社ノ増錘計画依然トシテ熄マズ注文ニ応ジ切レザル状況ナリ、当期ヲ通ジ注文残高ハ他ノ製品ノ筆頭ヲ持シ中軸ヲナス（中略）鋼球、鋼板工事ハ一ハ『セメント』会社ノ好況ニヨリ他ノ一ハ油槽等ノ増設ニヨリ纏マレル注文アリ」[70]といった状況であり、紡績機械が好調であった。三五年上期は「『九十余パーセント』ヲ紡績機械等ノ平和事業ノ機械ノ受注ナルヲ以テカヽル影響（軍需インフレの解消―引用者注）ヲ受クルコトナク寧ロ注文額増加ヲ示セリ」、

同年下期も「我社ノ主要製品タル紡績機械ハ引続キ増錘計画、高能率化ニ伴フ従来ノ設備改良、又ハ製品ノ高級化ニヨル新種機械ノ増備等相踵テ計画セラレタルニヨリ之カ需要依然トシテ減退セス（中略）工作機械及其他ノ雑機械モ期央ヨリ期末ニカケテ其引合著増シ且ツ何レモ高級化サレタルモノヲ多ク需要セラレツ、アリ」と好調を持続した。[71] 三六年上期に至っても「期首ニ株式会社長岡鉄工所ノ合併尼崎工場ノ完成ヲ見タルト佃工場、名古屋工場ノ高率運転ヲ為シ得タルト相俟ツテ製品引渡高ノ激増ヲ来シタル」[72]状況であった。

一九三〇年代半ばの大阪機械製作所の基軸商品は紡績機械、次いで工作機械であった。工作機械生産額は本社工場で三六年一四五二千円、三七年二三九八千円、長岡支店で三六年四四一千円、三七年一〇三六千円に上り、両工場ともいわゆる五大メーカーに次ぐ存在として知られていた。[73]

一九三八年に山田は次のように述べた。[74]

私は二三年前に既に紡機の製造に力を注ぐことが危険だといふ事を悟りました。それで徐々に事業の転換を図りつゝあつたのです。紡機の製造を縮少し、工作機械や、鉱山機械火造品の製造に力を入れ出したのは、当社が一番早やかつたと思ひます。営業部の誰れ彼れは紡機の製造を止められては、紡績会社に対して申訳ないといつて反対した者がゐましたが、断然事業の転換をやつたのです。

しかし一九三五、三六年頃の紡機生産の活況、さらに三七年二月頃の各工場の製品内容（本社工場：紡績機械、工作機械、佃工場：紡績機械、尼崎工場：紡績機械、自動車部品、鉄骨製罐、名古屋工場：紡績機械、長岡支店：鑿井・製油諸機械、遠心分離機、軍需品、工作機械［蔵王工場］）から判断するかぎり、[75]この指摘の根拠は乏しい。事実三五年六月に山田自身「本年度正に一千万錘の大台を乗越えようとしてゐる我紡績錘数は、今後綿業の行末が良きにつけ、悪しきにつけ、必ず千五百万錘までは増加する宿命をもつてゐるのだ（中略）各社が鐘紡並に輸出を心掛けたらキツトまだ伸びる見込があると信じてゐる、関税改正なんか恐れる必要はない、だからこの意味においても紡錘の需要は増加の見透しがつくわけだ」と指摘して紡機需要の拡大に自信を持っていたのである。[76]

一九三七年二月二〇日付『東京朝日新聞』は「社長山田多計治氏は工場経営には独特の手腕力量を有してゐる。即ち工場設備の高能率化による製品の低コストを実現し然も利益の三分ノ一を内面償却に充て、三分ノ二を表面に計上し、その計上利益の二分ノ一を更に社内留保としたる残額を配当するといふ利益三分主義の鉄則の終始一貫堅持してゐる。（中略）同社の特長は経営能率が高く製造原価が安いから同業者との競争力は優勢、不況期への対抗力は強大である」と評した。[77]大阪機械製作所の経営戦略の根幹は、「工場設備の高能率化による製品の低コスト」と安価に入手した買収工場による製品多角化にあったのである。

五　山田多計治・本田菊太郎・津上退助の企業者活動―戦時期―

日中戦争がはじまった一九三七年下期は「当社営業概況ハ工作機械、鉱山機械、化学工業用機械等ノ時局部門ニ於テ嘗テ見ザル繁忙ヲ来シタルヲ以テ製品売上高著シク増加シ」たものの、三八年上期にあるように「当社ハ従来多角経営ヲナシ来リタル処事変発生以来国策線ニ沿ヒテ其ノ主力ヲ時局品製造部門ヘト転換」しなければならなかった。[78] 三八年二月の繊維工業設備制限に関する商工省令の施行によって製造設備の新増設は許可制となり、大阪機械製作所も戦前の主力製品である紡績機械から「時局品製造部門」への転換を急ぐ必要があった。

一九三八年一一月に「本年上期の実績では紡機が五割、時局品、工作機械、鉱山機械等が五割と云ふ振り合であつた。然るに拡張完了後に於ては前者は二割、後者は八割となる見込である。即ち殆んど平和産業から時局産業へと転換する」と報じられた大阪機械製作所は三八年上期に資本金八〇〇万円（払込資本金六六五万円）から一六〇〇万円（同一一二〇万円）に倍額増資し（前掲表7―2参照）、この増資資金をテコに繊維機械企業から時局産業企業への転換を実現したのである。[79]

戦時下にあって繊維機械から時局産業への転換は山田の経営方針であり、本田もその必要性を理解していたものの、転換の早急な実施を潔しとしなかった。さらに本田はハイドラフト精紡機の発明者としての権利を主張し、山田はこれに応えて特許料を支払った。しかし一九三八年上期から大阪機械製作所取締役となる浜崎照道によると「どうしても本田君と山田君の仲なおりが出来ませんでした。一層のこと本田君を社長にし、山田君を会長にしたらよいではないかとの案も出て、山田又司取締役なんか一応賛成したのですが、山田多計治社長は頑としてきき入れませんでした」[80]といった状態が続いた。軍需転換をめぐって生じた山田と本田の亀裂は次第に大きくなり、本田には山田のもとを離れて事業を行いたいという願望が大きくなった。

結局三八年六月に本田は大阪機械製作所専務取締役を辞任して相談役に就任するものの、四〇年六月には相談役も辞任した。[81]

本田は一九三八年七月に大阪電気鋳鋼の社長に就任した。また錦華紡績社長加藤正人の勧めに従って四〇年五月に青島に設立された東亜重工業（加藤正人取締役社長）の専務取締役に就任した。さらに大和紡績社長に就任していた加藤の要請を受けて、四三年八月に本田は大和紡績重工部長に就任し、同社宍道工場の兵器生産への転換を進めた。[82] 山田と本田の決別の最大の理由は、繊維機械から工作機械、兵器生産への転換を急ぐ山田と、その必要性を認めつつもあくまでも自らが育て上げてきた紡績機械にこだわる本田の意見対立であった。しかし三八年二月の繊維工業設備制限に関する商工省令の施行以降、日本国内において紡績機械生産の途は急速に閉ざされつつあった。そこで本田は青島に設立された東亜重工業での繊維機械生産を企図した。同社の会社設立の目的は「紡織機械ノ製造修繕ヲ営ム外新タニ工作機械及電気炉ヲ設置シ主トシテ軍用器機ノ現地補充及修繕並ニ埋蔵資源開発ニ要スル諸機械ノ製作ヲ為シ併セテ車輌其他ノ現地調弁」[83]に貢献することであった。しかし本田が期待した東亜重工業においても紡織機械生産は次第に困難になり、兵器生産の割合が高まった。なお本田の最後の青島行きは四三年八月であった。[84]

一方一九三八年上期・下期と二期だけ津上退助が大阪機械製作所の取締役に就任したことを先に触れたが、[85] 三七年三月に設立された津上製作所の役員は、山田多計治取締役社長、津上退助専務取締役、取締役は山田又司、本田菊太郎、筒牛凡夫、坂井新次、阿刀田甲子児、監査役は斎藤恒一、阿部繁一であり、同時期の大阪機械製作所の六名の全役員が全員津上製作所の役員を兼任していた。山田は津上製作所の全株式四万株中三万二九〇〇株を所有しており、正しく山田が津上製作所の所有経営者であった。[86]

設立当初、津上製作所は大阪機械製作所蔵王工場の一部を借り受けて生産を開始した。[87] しかし三八年下期に津上製作所は社名を津上安宅製作所に変更するとともに、山田多計治はじめ大阪機械製作所関係の役員は全員辞任し、代わって取締役会長に安宅商会専務取締役の茶屋保三郎、取締役社長に津上退助がそれぞれ就任した。また三八年一一月末現在の株主名簿をみると大阪機械製作所関係者は全員株式を売却しており、茶屋保三郎取締役会長が三万二九〇〇株所有している。津上製作所への出資者が山田をはじめとする大阪機械製作所関係者から安宅商会に変化したのであり、山田の持株はそのまま茶谷に譲渡された。[88] 津上退助の大阪機械製作所取締役就任が二期のみにとどまったのはこうした事情によっていた。山田と津上の決別の事情の詳細は不明であるが、津上製作所が戦時期の拡張に乗り出すのに際して大阪機械製作所からの金融的支援を期待できなかった可能性がある。大阪機械製作所の全株式を肩代わりした安宅商会は津上製作所の金融の円滑化のために同社の借入債務については一切を保証した。[89] 時局産業である工作機械・測定器企業との関係を断ち切ることは大阪機械製作所にとっても痛手であったが、津上からの増大する金融的要請に応えるだけの余裕はなかった。

山田と津上の決別の事情として、独立心旺盛な津上退助の経営姿勢もあったように思われる。そもそも一九三六年一一月に津上が自らが創業した津上製作所（三七年二月に商号を東洋精機に変更）を離れて三七年三月に長岡の地に津上製作所を設立した理由は、精密測定機に専念したい津上とそれに加えて魚雷および魚雷用コンプレッサー生産をやらせたい海軍との意見対立であった。[90] 津上は山田のもとにいて自らの経営方針を拘束されることを嫌った可能性がある。大阪機械製作所に代わって安宅商会からの金融的便宜の供与に期待した津上であったが、安宅産業との関係が切れた訳ではなかったものの四五年一月に社名を津上安宅製作所からふたたび津上製作所に変更した。[91] ここにも経営方針が拘束されることを嫌う津上の旺盛な自立心が反映されているように思われる。

一九三八年五月三〇日付『読売新聞』は津上製作所を大阪機械製作所の姉妹会社と紹介したうえで、「我国精密機械の最高権威として有名なる津上退助氏が重役兼支配人として長岡鉄工所を統宰することになつた事は同工場の一大飛躍を約束したものである」[92]と報じたが、この目論見が実現することはなかった。四一

表 7-4　大阪機械製作所の大株主
（1941 年 1 月 15 日現在）

（株）

氏名	株数	備考
山田多計治	93,709	
前田忠	18,940	鴻池信託・専務取締役
佐々木國蔵	10,000	内外綿・取締役社長
北澤敬二郎	6,000	住友生命保険・専務取締役
川上十郎	5,000	川上同族・取締役社長
山田又司	4,650	
本田菊太郎	4,150	
佐藤行雄	4,000	
前川彌助	4,000	前川生命保険・専務取締役
白勢正衛	3,000	
藤井忠一	2,150	
阿部繁一	2,000	
金杉英五郎	2,000	昭和生命保険相互会社・取締役社長
駒形宇太七	1,950	
福本新蔵	1,770	
鈴木正夫	1,700	
小林健七	1,562	
斎藤恒一	1,400	
高野仁慈	1,350	
三野源助	1,350	
浜崎照胤	1,030	
橋本吉次郎	1,010	備前銀行・頭取
岡崎三郎	1,000	
細田善兵衛	1,000	
水澤魁郎	1,000	
江頭伊三郎	760	
山口フイ	760	
町永三郎	750	
澤崎源一	720	
木村悌蔵	700	門司築港・取締役社長
藤井善兵衛	670	
松田新次	670	
谷内田幸一	670	
種田勝夫	660	
堀永善松	650	
戸澤武	615	
三枝二郎	600	
横田義夫	600	
高橋輝一	550	
永江庄助	550	
前川正志	550	
谷内田寅三郎	550	
稲庭庄次郎	540	
橋本圭三郎	520	日本石油・取締役社長
種田友子	500	
玉井新七	500	
中野太郎	500	
芳我保	500	
前田忠	500	
松本精七朗	500	
小計	190,806	
総計	320,000	

［出所］大阪機械製作所『第四十二期株主名簿』（1941 年 1 月 15 日現在）。

年一月に津上安宅製作所は「昭和十二年三月、津上製作所の名称で創立され、当初は大阪製作と提携してゐたが、十四年以降は同社と絶縁して安宅商会と手を握り、社名も『津上安宅製作所』と改称して今日に及んでゐる。安宅と提携以来の膨張は頗る急」[93]と報じられた。

さらに一九三八年五月に長岡に日本重工業（資本金一〇〇万円）が設立されるが、同社は大阪機械製作所の幹部であった阿刀田甲子児、前田與次郎らによって設立された会社であった。阿刀田らは資金的後援者を探しており、時局産業への進出を考えていた倉敷機械から八〇万円の出資を得て同社を設立したが、両名を失った山田との関係は一時疎遠となった。[94]

その後大阪機械製作所は一九四二年下期に資本金を一六〇〇万円（払込資本金一四〇〇万円）から二〇〇〇万円（同一八六七万円）に増資し

表 7-5　大阪機械製作所の工場現況（1944 年度第 1 四半期）

区分	大阪	名古屋	尼崎	長岡	合計
敷地（坪）	7,538	4,776	15,487	11,054	38,855
建坪（坪）	4,603	3,383	6,923	4,874	19,783
金属切削用工作機械（台）	791	225	478	216	1,710
生産額（千円）					
1942 年度			3,934	8,469	12,403
43 年度	1,090	988	6,680	9,273	18,031
44 年度・第 1 四半期	1,025	953	2,757	1,228	5,963
従業者・合計（人）	2,140	734	1,832	949	5,655
事務員	154	72	163	74	463
技術員	73	26	71	44	214
労務者	1,839	541	1,060	745	4,185
動員学徒	56	95	481	53	685
女子挺身隊	18		57	33	108
管理関係					
軍需会社指定工場	○	○		○	
陸軍監督工場				○	
海軍監査工場				○	

［出所］産業機械統制会編『会員業態要覧』昭和 19 年版、1944 年、318-319 頁。
（注）大阪工場、名古屋工場の 1942 年度の生産額は不明。

た。しかしこうした急速な規模拡大にもかかわらず、表7―4にあるように一九四一年一月一五日現在で山田多計治は三二万株中九万三七〇九株を所有する最大株主（持株比率二九・三パーセント）であった。二〇〇〇万円への増資後の四三年一〇月末現在では山田の持株は六万三九七三株に減少するもののそれでも持株比率一六・〇パーセントの最大株主に変わりはなく、第二位株主の浜口幸雄（三和信託専務取締役）一万五五九七株とは大きな差があった。[95]

戦争末期の一九四四年度初頭の大阪機械製作所の工場別の状況は表7―5の通りであった。この時期の製品は大阪工場は火砲、航空機部品、工作機械、名古屋工場は焼玉機関、工作機械、尼崎工場は鑿井機、槌機、プレス、鍛造機、鋳造機、長岡工場は鑿井機、採油機、分離機、汎用ポンプなどであった。[96] 四三年度の工場別生産額は長岡、尼崎、大阪、名古屋工場の順であったが、従業者数では大阪工場と尼崎工場が大きく、長岡工場と名古屋工場はその半分程度であった。設備工作機械台数でも大阪工場と尼崎工場が多く、鑿井機など石油関連製品の生産に重点をおいた長岡工場の生産面での貢献が目立った。戦時期に繊維機械企業から時局産業企業へと転換した大阪機械製作所であったが、火砲や航空機部品といった兵器生産を担ったのは大阪工場のみであり、産業機械メーカーとしての性格を色濃く残しながら時局の要請に対応したのである。

一九四三年秋の大阪工場の状況を詳しくみると、同工場は一九三八年に陸海軍共同管理工場となり、兵器生産関係の従業員は現員ならびに新規徴用の対象になっていた。生産品目は銃砲弾丸、戦車砲、航空機部品、発着機、砲熕部品、工作機械、鑿井機などであった。一〇月一日現在の従業員は一七三四名（ほかに入営・応召が二八六名）、内訳は職員二一〇名（事務員七四名、技術員四三名、雇員六〇名、傭人三三名）、工員一五二四名（ほかに入営・応召が二三九名）であった。従って九カ月後の前掲表7―5の実績と比較すると、技術員は三〇名、工員は三一五名の増加であった。[97]

「生産増強ニ関スル隘路打開方策」として大阪機械製作所が指摘するのは、「勤労精神ノ昂揚」、「昼夜業実施ノ問題」、「女子工員ノ増加問題」、「材料及資材ノ問題」の四点であったが、工員不足のため定常的に昼夜業を実施することは困難であり、一部の機械加工作業を女子工員に代替するため「職業指導所ヲ通ジ割当申請中ナリ是ガ為メ最近五十名収容ノ新寄宿舎ヲ設置シタリ」といった状況であった。材料資材の入手難は深刻で、工作機械関係は精密機械統制会、軍需品は官給品として「官ヨリ入手ヲナシ居レルモ」一部材料の入手難、運搬遅延のため作業上「手待」が生じていた。[98]

おわりに

産業機械産業にとって決して好環境といえない一九二〇年代を経営合理化・効率化と製品の多角化で凌ぎ、長年にわたって研究を続け、本田菊太郎を得ることによって紡機・同部品という基軸商品を見出した大阪機械製作所は三〇年代になると株式買収・合併戦略を積極的に展開して急速に規模を拡大した。満洲事変後の景気回復とともにOM式ハイドラフト装置の開発普及が同社の成長を支えた。山田多計治は大河内正敏が提唱する「農村の工業化」構想に共鳴し、理研ピストンリングの監査役に就任した。また結果的には絶縁することになるとはいえ、自らが設立した津上製作所を離れることになった津上退助を支援して長岡の地に新生津上製作所が設立されると、山田は同社の所有経営者となった。山田は関西、名古屋、東京、新潟において多数の機械工場を経営し、時代の要請に柔軟に対応していった。まさに時代の寵児であったといえよう。大阪機械製作所の急速な規模拡大にもかかわらず、山田が所有経営者としての地位を一貫して維持したことも同社の大きな特徴であった。しかし軍需転換をめぐって本田との間に生じた亀裂は次第に大きくなり、自らの事業を展開したい本田は山田と袂を分かち、アジア太平洋戦争中は大和紡績の重工業進出を支えた。

戦時期に入って時局産業への転換を果たしたとはいえ、アジア太平洋戦争後期に至っても大阪機械製作所は産業機械メーカーとして性格を維持した。火砲や航空機部品の生産は大阪工場の一部設備にとどまり、尼崎工場、名古屋工場、長岡工場ではさまざまな産業機械、工作機械生産が主体であった。ここにも一九二〇年代を経営の合理化と製品の多角化で乗り切った山田の軍需生産に対する慎重な姿勢をうかがうことができる。生産の効率化、低コスト生産と製品多角化こそ、浮沈の激しい機械工業経営を維持していくに当たっての「打算に長じた経済的の技術家」山田の経営戦略の根幹であった。

戦後の大阪機械製作所は綿紡機、毛紡機の生産に復帰するものの業績は振るわず、欠損無配が続いた。ドッジラインによる不況が追い打ちをかけ、一九四九年には金融難によって苦境に陥り、五〇〇名の従業員を整理したにもかかわらず九月期決算では多額の赤字を計上した。山田は日本勧業銀行の吉田篤信を監査役に迎えて再建をはかるが赤字は累積していった。年末には山田又司が取締役を辞任、五〇年五月には勧銀大阪支店の角球三が常務取締役に就任して大阪機械製作所は銀行管理下におかれた。一方、戦後の本田はスーパーハイドラフトの研究に没頭し、四八年三月にスーパーハイドラフトS型精紡機を完成させた。[99] 朝鮮戦争勃発直後の五〇年六月二七日に綿紡設備四〇〇万錘の制限が撤廃されるが、それまでの制限下での営業は厳しく、大阪機械製作所は新製品を発売することもなかった。事後的評価であるが、戦後の新たな環境のなかで綿紡績機事業を再建・拡大させるに当たって、大阪機械製作所にとって本田の「不在」の影響は大きかった。紡績機械生産ができなかった戦時期には本田の「不在」の影響が顕在化することはなかったが、戦後になって多角的生産のうち工作機械生産の途が塞がれ、民需生産の柱に紡績機械を据えようとしたとき、本田の「不在」が山田の経営を苦しめることになったのである。

そうしたなか一九五〇年五月に山田は大阪機械製作所取締役社長の座を離れ、同社の経営はオーエム紡機製作所に委ねられることになった。四九年七月に大和紡績が宍道工場を現物出資して大和機械工業を設立、同社は同年九月に先のオーエム紡機製作所、大阪電気鋳鋼、および浜田機械工業の三社を合併、五〇年一月に商号をオーエム紡機製作所と変更し、同社社長には本田菊太郎が就任した。[100] 三八年に大阪機械製作所を離れた本田が今度は山田に代わって同社の経営を指揮することになったのである。綿紡設備制限撤廃の影響は大きく、五一年三月期決算で大阪機械製作所は好業績を上げた。[101] その後六〇年九月にオーエム紡機製作所は大阪機械製作所を合併してオーエム製作所となった。

技術者経営者であった山田が長期不況期の一九二〇年代から学んだことは、機械企業の経営安定化のためには製品の多角化が不可欠との確信であった。本田菊太郎を得た大阪機械製作所は三〇年代半ばには日本有数の紡績機械メーカーに成長する一方、新潟県長岡市では工作機械生産を拡大し、創業期の津上製作所を支援した。日中戦争初期における民需から軍需への製品転換をめぐって山田と本田は袂を分かつものの、繊維機械生産が不可能になった戦時期に本田の「不在」の影響が顕在化することはなく、山田は工作機械、産業機械生産を確保しつつ、軍需品生産一辺倒になることを慎重に回避していた。戦後になって工作機械需要が途絶したために戦前の紡績機械生産を再開しようとしたとき、大阪機械製作所は本田が「不在」であることからくる大きな限界を痛感することになったのである。

注

1 「機械工業を一人前にした自信の事業家・山田多計治」（投資経済社編『興亜財界新人譜』投資経済社出版部、一九三九年）二五九頁。

2 戦間期の造船業、鉄道車輛、工作機械、紡織機の各産業の動向については、沢井実『機械工業』日本経営史研究所、二〇一五年、一一—一四、五八—六五、八八—九六、一三〇—一三九頁参照。

3 同上書、一三八頁。

4 伊東岱吉「機械工業の発達—とくに綿紡織機械工業の発達を中心として」（中小企業調査会編『中小工業の発達』中小企業研究Ⅰ、東洋経済新報社、一九六〇年）六四—六九頁、谷口豊「戦間期における日本紡織機械工業の展開—綿紡織機械工業の研究開発」（久留米大学『産業経済研究』第二六巻第一号、一九八五年六月）五五—六三頁、および石井正「繊維機械技術の発展過程」（中岡哲郎・石井正・内田星美『近代日本の技術と技術政策』東京大学出版会、一九八六年）一三九—一四三頁。

5 大阪機械工作所については、沢井実『近代大阪の産業発展—集積と多様性が育んだもの』有斐閣、二〇一三年a、一三三—一四二頁、寿製作所については、加藤健太「三菱商事と寿製作所（1）—戦間期の繊維機械取引」（『高崎経済大学論集』第五四巻第三号、二〇一一年一二月）、および同「三菱商事と寿製作所（2・完）—戦間期の繊維機械取引」（『高崎経済大学論集』第五四巻第四号、二〇一二年三月）参照。

6 東京高等工業学校編『東京高等工業学校一覧　従明治四二年至明治四三年』一九〇九年、一一七頁。

7 一九〇七年三月に長岡鉄工所組合が創立され、同組合は一三年二月に株式会社長岡鉄工所に改組された（長岡鉄工所「経営明細書」昭和一〇年一〇月、アジア歴史資料センター、Ref. C05035293800）。

8 一〇〇周年誌執筆企画委員会編『長岡商工人　百年の軌跡』長岡商工会議所、二〇一一年、一二九頁。

9 内山弘・塚田正之助・星野庄吾『長岡の鉄工業—機械産地への道程』パロール、一九八四年、七二—七四頁。

10 高田甚一編『現代工業人大銘鑑』日刊工業新聞社、一九四一年、七一二頁。東京高等工業学校編『東京高等工業学校一覧　従大正七年至大正八年』一九一八年、一一四頁では伊藤製鋼研究所となっている。

11 前掲「機械工業を一人前にした自信の事業家・山田多計治」二六四頁。さらにこの「某機械工作所」については、「大阪機械製作所の山田多計治専務は、大仁にあった大阪機械工作所（南浜にあった同名の工場は日本兵器《ママ》製作所の後身）の技師長をしていた」（井尻助雄編『本田菊太郎伝』一九六二年、八二頁）との指摘もある。

12 山田多計治「日本に於ける機械製作の進歩」(『ダイヤモンド』一九三三年一二月一日号)一四四頁。

13 井尻編、前掲書、八二頁。

14 内山・塚田・星野、前掲書、七六頁。

15 大阪機械製作所大阪工場「現況報告書」昭和一八年一〇月一日(アジア歴史資料センター、Ref. A03032023000)、および「非常時を双肩に担ふ大阪機械製作所」(『読売新聞』一九三四年一月二二日夕刊)。

16 一八九三年東京商業学校卒業、日本石油に入り、一九二五年現在東京揮発油会社社長、東京ワセリン工業、旭工業、長門起業炭礦各取締役(人事興信所編『人事興信録』第七版、一九二五年、せ七頁)。

17 一八九〇年に東京工業学校機械科を卒業、農商務省製鉄所に入りドイツ留学を経て後住友製鋼所副支配人、羽室鋳鋼所所長(人事興信所編『人事興信録』第八版、一九二八年、ハ三―四頁)。

18 人事興信所編、前掲『人事興信録』第七版、す三六頁。

19 工業之日本社編『日本工業要鑑』第一二版、一九二一年、「工場要録」一七七頁、日刊工業新聞社編『日本技術家総覧』一九三四年、平佐惟一編『農商務省主催工作機械展覧会報告附録』一九二二年、三三二頁、および「株式会社大阪機械製作所」(中外産業調査会編『人的事業大系　製作工業篇(上)』一九四〇年)四一八頁。

20 平佐編、前掲書、「第三類　出品者経歴並ニ工場機械設備表」。

21 山田、前掲「日本に於ける機械製作の進歩」一四五頁。

22 工業之日本社編『日本工業要鑑』第一四版、一九二三年、「工場要録」一五二頁。

23 内山・塚田・星野、前掲書、七七―七八頁。

24 日刊工業新聞社編、前掲書。

25 工業之日本社編『日本工業要鑑』第一六版、一九二五年、「工場要録」九九頁。

26 大阪商工中心会『社団法人大阪商工中心会員光栄録』一九三三年、一一頁、および中外産業調査会編、前掲書、四二〇頁。

27 本田の事績については、井尻編、前掲書参照。

28 同上書、六二―六三頁。

29 「不景気の風に襲はれた府下の機械工業」(『大阪毎日新聞』一九二二年八月四日、神戸大学新聞記事文庫)。

30 「大阪機械製作所がリングの製作を」（『紡織界』第二〇巻第一一号、一九二九年一一月）一〇頁。
31 工業之日本社編『日本工業要鑑』第一九版、一九二八年、「工場要録」一二五頁。
32 工業之日本社編『日本工業要鑑』第二二版、一九三一年、「工場要録」一二五頁、および前掲「非常時を双肩に担ふ大阪機械製作所」。
33 石山賢吉『仕事の妙味』千倉書房、一九三六年、三一六―三一七頁。
34 帝国興信所編『帝国銀行会社要録』昭和四年版、一九二九年、大阪府の部六三頁。
35 一九二三年にスイスのリーター社が考案したもので、フロント・ローラとミドル・ローラとを近接させることによって短繊維をコントロールし、さらにドラフト性能を高めたもの（井尻編、前掲書、九〇―九一頁）。
36 同上書、一〇二―一〇三頁。
37 「ハイドラフト装置の父　本田菊太郎」（発明図書刊行会編『日本発明家五十傑選』一九五二年）二一三―二一七頁。
38 井尻編、前掲書、一〇三―一〇五頁。
39 三菱商事編『立業貿易録』一九五八年、二六五―二六六頁。寿製作所の技術導入および同社と三菱商事の関係の詳細については、加藤、前掲論文、二〇一二年二月、および二〇一二年三月参照。
40 「紡機特許権から大機の仮処分」（『大阪時事新報』一九三五年九月二三日、神戸大学　新聞記事文庫）。
41 三菱商事編、前掲書、二六六頁。
42 井尻編、前掲書、一〇六―一〇九、一二七、一三七頁。
43 日本科学史学会編『日本科学技術史大系』第一八巻（機械技術）、第一法規出版、一九六六年、三一八頁、および谷口、前掲論文、五四頁。
44 沢井実「下請工場の成長―一九三〇年代の名古屋市を事例に」（南山大学『アカデミア』社会科学編、第一二号、二〇一七年一月）五八頁。
45 大阪機械製作所大阪工場、前掲「現況報告書」、および前掲「非常時を双肩に担ふ大阪機械製作所」。
46 一九四〇年現在で北越産業無尽、理研防錆、帝国精密工業、日本繊維工業などの役員を兼任した（中外産業調査会編、前掲書、四一八頁）。
47 同上書、四一九―四二〇頁。
48 一九〇九年に東京高等商業学校卒業後大阪合同紡績に入社、その後東洋紡績名古屋支店長などを歴任（同上書、四一七頁）。
49 一九四〇年現在、南洋ゴム拓殖、瑞宝鉱業の取締役（同上書、四一八頁）。
50 大阪控訴院部長を退職後弁護士となる。民事訴訟法の権威（同上書、四一八頁）。

51 大阪機械製作所編『営業報告書』各期、および「月曜特輯会社批判」(『中外商業新報』一九三八年四月一一日、神戸大学新聞記事文庫)。
52 中外産業調査会編、前掲書、四一九頁。
53 大阪機械製作所『営業報告書』一九三二年下期。
54 大阪機械製作所『株主名簿』一九三三年上期末、および同、一九三四年下期末。
55 「二分増配した大阪機械製作」(『東洋経済新報』一九三五年三月二日号)三九頁。
56 井尻編、前掲書、一三五―一三六頁。
57 「増資躍進する大阪機械製作所」(『東洋経済新報』一九三三年九月一六日号)三三頁。
58 「大阪機械製作所」(『東洋経済新報』一九三四年八月一日号)一〇五頁。
59 石山、前掲書、三一八―三一九頁。
60 同上書、三一九頁。
61 同上書、三二〇頁。
62 同上。
63 一九二〇年仙台高等工業学校卒業、浅野造船所を経て長岡鉄工所に移った(内山弘「長岡鉄工界の先人」『新潟日報』二〇一八年三月一五日)。
64 長岡鉄工所、前掲「経営明細書」、および長岡鉄工所、「経歴書」昭和一〇年(アジア歴史資料センター、Ref. C05035293800)。
65 石山、前掲書、三二〇―三二二頁。
66 理研ピストンリング『株主名簿』一九三四年八月末現在。
67 山田多計治「機械工業界の将来をトす」(『工政』第一七九号、一九三五年三月)五―六頁。
68 大阪屋商店調査部『花形株の見透し』一九三五年、二三一―二三二頁。
69 「帝国精密新重役」(『東京朝日新聞』一九三六年六月二八日)。
70 大阪機械製作所『営業報告書』(一九三四年上期)二頁。
71 大阪機械製作所『営業報告書』(一九三五年上期)二頁、および同、一九三五年下期、二頁。
72 大阪機械製作所『営業報告書』(一九三六年上期)四頁。

73 商工省工務局「工作機械生産額調、主要工作機械製造業者ノ生産状況」昭和一三年三月五日（『工作機械製造事業法ニ関スル資料』所収、国立公文書館）。

74 山田多計治「時局と事業転換」（『経済之日本』第一九巻第九号、一九三八年九月）二七頁。

75 「機械工業界の異彩　大阪機械製作所」『東京朝日新聞』一九三七年二月二〇日。

76 山田多計治「我紡績錘数やがては千五百万台　綿業界前途悲観の要なし」（『報知新聞』一九三五年六月二五日、神戸大学新聞記事文庫）。

77 「機械工業界の異彩　大阪機械製作所」（『東京朝日新聞』一九三七年二月二〇日）。

78 大阪機械製作所『営業報告書』（一九三七年下期）三頁、および同、一九三八年上期、五頁。

79 「大阪機械製作」（『東洋経済新報』一九三八年一一月八日号）四四頁。

80 井尻編、前掲書、一四九頁。

81 同上書、一四六―一五〇―一五三―一五四、五五八頁

82 同上書、一五〇、一六三―一六六、一七八―一八六、五五九頁。

83 東亜重工業株式会社設立発起人「会社設立許可申請書」昭和一四年三月（アジア歴史資料センター、Ref. B08061282000、『本邦会社関係雑件／株式会社豊田式鉄廠』所収）。

84 井尻編、前掲書、一六九―一七一頁。

85 創業者の津上退助が一九二八年一二月に設立した津上製作所を三六年一月に退社する経緯については、沢井実『マザーマシンの夢―日本工作機械工業史』名古屋大学出版会、二〇一三年b、第一二章「津上製作所―総合商社との関わりを中心に」参照。

86 津上製作所『営業報告書』第一期（一九三七年三・四月期）、および同『株主名簿』（三七年五月末現在）。

87 一〇〇周年誌執筆企画委員会編、前掲書、一三〇頁。

88 津上製作所『営業報告書』第三期（一九三八年下期）および同『株主名簿』（三八年一一月末現在）。

89 安宅産業株式会社社史編集室編『安宅産業六十年史』一九六八年、二二四頁。

90 沢井、前掲書、二〇一三年b、三四二―三四四頁。

91 津上製作所『営業報告書』第一七期、一九四四年下期、五頁。

92 「株式会社大阪機械製作所長岡鉄工所」（『読売新聞』一九三八年五月三〇日）。

93 「越後長岡の津上安宅製作所」(『東洋経済新報』一九四一年一月一一日号) 六二頁。

94 内山・塚田・星野、前掲書、四七頁。

95 大阪機械製作所『第四十八期株主名簿』(一九四三年一〇月三一日現在)。

96 産業機械統制会編『会員業態要覧』昭和一九年版、一九四四年、三一八頁。

97 大阪機械製作所大阪工場、前掲「現況報告書」。

98 同上。

99 井尻編、前掲書、二三七、二四三、二七一―二七二頁。

100 「大阪機械製作所」(『東洋経済新報』一九五二年八月二三日号) 四三頁、「オーエム紡機の増資」(『東洋経済新報』一九五二年一二月一三日) 五四頁、および井尻編、前掲書、二六三―二六五、二七四―二八六頁。山田退陣の経緯は、新聞報道によると「紡績機械製作で四大メーカーの一つである大阪機械製作所(資本金一億円)では前期(九月期)に約四〇〇〇万円の赤字を出していたがインドとの紡機取引に失敗したのが原因で今期(三月期)には二億円近くの損失を生じ一方金融機関からの借入金は四億一〇〇〇万円に達した。これに対し取引銀行では一般債務約五億四〇〇万円の七割近くを切り捨てさせることを条件に今期融資する方針をとり、債権者会議でもほゞ承認するものとみられる。なお同社はこれを機会に山田社長以下重役が一せいに退陣し新幹部で再建する」(「債務切捨て融資継続　赤字企業再建に新方式」『読売新聞』一九五〇年六月一五日) というものであった。

101 井尻編、前掲書、二七五頁。

第八章

柴柳新二と恩加島鉄工所・日本鍛工

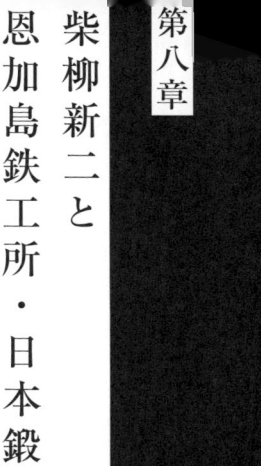

はじめに

本章では大阪高等工業学校舶用機関科中退後、久保田鉄工所に入り営業部長を経験した後、久保田鉄工所の二つの多角化事業―関西製鉄と実用自動車製造―とその挫折に重役として関与し、その後久保田鉄工所恩加島工場の一角を借りて開業した鍛造事業専門の恩加島鉄工所を率いた柴柳新二の軌跡を追跡する。さらに恩加島鉄工所が日本鍛工となった後、戦時期日本における数少ない型打鍛造の専門企業として時代の寵児に急成長する過程を検討する。

柴柳が鍛造事業に関わるのはなかば偶然であったが、その事業を育て、海外から技術を導入し設備と技術を充実させるプロセスを柴柳の経営者としての手腕を抜きに語ることは不可能である。恩加島鉄工所・日本鍛工が提供する鍛工部品なしに日本で自動車の大量生産、国産化を進めることはできなかった。戦時期になると航空機部品、戦車をはじめとする軍需品部品として鍛造部品の販路は一挙に拡大し、日本鍛工の各工場は重点工場として急成長を続けた。柴柳の経営者としての地位は一貫して維持されたものの、株式所有者としては大規模増資が続くなかでその地位を低下させ、しかも陸海軍という顧客と取引を続

図8-1　柴柳新二（以降、写真はすべて藤井幸永『近代鍛造の先駆者　柴柳新二伝』柴柳新二伝刊行会、1965年からの転載）

ける必要があった。

大阪市大正区の小規模企業から出発した企業が日本を代表する鍛工品企業に成長する過程で経営者とその会社は何を経験しなければならなかったのか、戦間期から戦時期における一重工業企業の経営史をたどることにする。

一　生い立ちと久保田鉄工所での活動

柴柳新二は一八八七年九月二〇日に兵庫県神崎郡香寺町の農家榊原清一郎・たみの五男として生まれた。九〇年九月に新二は神崎郡船津村の柴柳芳太郎・かめの養嗣子となった。九六年に芳太郎夫婦は姫路に出てかめは飲食店と宿屋を営み、芳太郎は大工をした。新二は尋常科四年、高等科四年を修了して一九〇二年に県立姫路中学校に入学し、〇七年に同校を卒業した。卒業後一年間赤穂郡の塚越小学校の代用教員を経験した後、〇八年九月に大阪高等工業学校舶用機関科に入学した。[1]舶用機関科の同期生は一七名でそのなかには後に呉海軍工廠を経て東京鍛工所社長となった永田（沖）信治もいたが、[2]在学中にお互いの交友はなかった。しかし養父

図 8-2　久保田鉄工所勤務時代の柴柳新二

芳太郎が〇九年一〇月に五二歳で亡くなったため、新二は二学年の途中で退学を余儀なくされた。[3]

退学を決意した新二は実兄で徳島で鋳造業を営む榊原島太郎に進路を相談すると、島太郎はかつて大阪での鋳物工時代の知り合いである久保田権四郎を紹介してくれ、柴柳は一九一〇年四月に久保田鉄工所に入った。第一次世界大戦期に久保田鉄工所は躍進する。大戦中に柴柳は市場開拓と鉄くず買い取りの目的で約六カ月間インド、ビルマ、インドネシアなどを歴訪し、これが久保田製品の東南アジア向け輸出の端緒となった。一七年に柴柳は営業部長に抜擢された。[4]

大戦中に久保田鉄工所は西区南恩加島町に土地一万四〇〇〇坪を購入し、船出町本工場、西関谷町、馬渕町の分工場から鋳物部門の設備と人員を移して一九一七年に鋳物専門の恩加島工場を開設した。[5] 一方浅野造船所から五〇〇〇トン級商船三隻分の舶用機関の注文を受けた久保田鉄工所はスクリューシャフトなどの鍛造品については自社に設備がなかったため外注先を探したところ、大阪砲兵工廠を除くと北村鉄工所（一三年七月創業）があることを知った。同所は柴柳の姫路中学校時代の同期生三木保次郎とその友人の北村利一の共同経営であった。しかし北村鉄工所には設備が足りなかったため、柴柳は資金と場所の提供を申し出、その旨を権四郎に進言した結果、恩加島工場の一部と設備資金一〇万円の貸与が実現した。こうして久保田鉄工所恩加島工場の一角に北村鉄工所の分工場が誕生した。また柴柳は大型鍛造品の注文を引き受けてくれる神戸製鋼所の鍛造工場長徳田治三郎との交遊を深めた。[6]

一方一九一七年八月に久保田鉄工所は関西鉄工を買収して尼崎工場とした。買収時の関西鉄工の鋳鉄管関係従業者数は約二五〇名であったが、彼らはそのまま尼崎工場に引き継がれ、同時に船出町本工場内の鉄管部門の設備と人員が尼崎工場に移された。さらに大戦中の鉄飢饉のなかで久保田鉄工所は一八年一〇月に関西製鉄（資本金二〇〇万円）を設立し、工場を尼崎工場の隣接地に建設して月産一〇〇〇～一五〇〇トンの圧延設備で生産を開始した。同社の役員は久保田権四郎社長、柴柳専務取締役、須山令三監査役（久保田鉄工所経理部長）であったが、会社設立一カ月後の休戦によって鉄鋼価格が暴落し、頼みの渋沢貿易（渋沢正雄社長）からの大口注文も契約解除を申し込まれたため、結局関西製鉄は創業一カ月半で休業閉鎖に追い込まれた[7]。

渋沢貿易から一万トンの製品注文を取り五〇万円の手付金を得ていたことが関西製鉄設立の大きな後ろ盾になっていたため、解約と手付金の返還要求の交渉は難航した。結局渋沢貿易が手付金を諦めることで和解が成立したが、この難しい交渉を担ったのが渋沢貿易側は山下太郎（渋沢正雄の友人）、久保田鉄工所側は柴柳であった。このときの柴柳の対応は「簡単に手紙で返事をすることができる内容であっても、柴柳がすぐ大阪から東京に出かけてきて、いんぎんに説明する。（中略）その時の柴柳の用意周到さと、久保田権四郎さんを『ご主人、ご主人』―と呼んで、久保田さん思いの柴柳に、ほんとに深く感服した」と山下に深い印象を与えた[8]。

関西製鉄の残務整理が終わると柴柳は久保田権四郎の承諾を得て久保田鉄工所を一九一九年に退社、大阪市西区新町に柴柳洋行を設立した。同洋行の主な目的は久保田製品を「満洲」、中国に販売することであり、久保田時代の取引関係から浅野物産の代理取引も行う予定であった。また関西製鉄への発注一万トンが渋沢正雄の独断であったため、渋沢家からは勘当同様の扱いを受け、第一銀行頭取の佐々木勇之助からも叱責された正雄を帝国商事（山下太郎、三木保次郎、柴柳が出資して設立）の社長に迎え入れた。[9]

一九二〇年恐慌の影響もあって柴柳洋行の経営が低迷していたとき、実用自動車製造（一九年一二月設立）の営業開拓に協力してほしいとの依頼が久保田権四郎からあり、柴柳は二〇年八月に実用自動車製造の専務に就任した。しかし実用自動車製造の経営も軌道に乗らなかった。二二年春には資本の大部分を食いつぶし、金融的にも行き詰った。従業員を半減して細々と命脈を保つ状態となった。その後二四年一〇月に柴柳は実用自動車製造を退社して翌一一月に個人経営の恩加島鉄工所を開業することになる。[10]

二　恩加島鉄工所の設立

先にみた北村鉄工所の北村利一は第一次世界大戦期の好調な経営を背景に経営の多角化をはかり、西野田に北村製鋼所を設立した。しかし大戦が終了すると経営に行き詰まり、北村鉄工所の経営からも手を引いた。そこで三木保次郎は北村鉄工所が東成区玉造二軒茶屋にあったところから玉造鉄工所と改称して単独経営に乗り出した。同所の鍛造設備は優秀で、鉄道車輛用の車軸、輪心など各種の鍛造品を生産した。しかし経営は順調とはいえず、窮地に陥った三木から玉造鉄工所の経営を任された柴柳は久保田権四郎に相談したところ、一万円を融通してくれることになり、一九二四年一一月に玉造鉄工所を継承して柴柳の個人経営である恩加島鉄工所が誕生した。二一年七月から二四年一二月の受注先別生産重量は、川崎造船所二二九七トン、藤永田造船所一三三八トン、日本車輌製造一二二五トン、梅鉢鉄工所一二一五トン、田中車輌七二トンであり、上位を鉄道車輌メーカーが占めていた。この五社の場合材料はいずれも発注先からの支給であり、加工収入の合計高は三八万五〇〇〇円であった。恩加島鉄工所では工場は久保田鉄工所恩加島工場の一角にあった元分工場（借地約三〇〇坪）のみであり、従業員は事務員と技術者が六名、現場工員が三七名でスタートした。二八年一月時点では北村鉄工所が久保田鉄工所から借りた一〇万円はまだ返済されていなかった。[11]

柴柳はまず営業方面の開拓に努力した。営業の中心を鉄道関係の鍛工品におき、開業二年目で鉄道省指定工場となった。柴柳は鉄道省、陸海軍省、海事協会にアプローチし、ロイド規格を研究した。その結果、鉄道車輌、艦船用の鍛造品、水力電気、港湾、土木用の各種鍛造品、さらにダット自動車製造[12]から自動車用鍛造品などを受注し、一九二七年には約二〇〇〇トンの生産高を挙げ、従業者数も七五名に増加した。多数の取引先のなかで日本製鋼所とは二七年から取引が始まっていたが、同社重役の水谷叔彦（元海軍少将）が松田義一工務部長に型打鍛造法の調査を命じ、恩加島鉄工所の技術の高さを知ったことがきっかけであった。日本製鋼所が戦車の防弾鋼板を製造した際には室蘭から恩加島鉄工所にインゴットを送り、これをシートバーにたたいて室蘭に送り返すという手順を踏んだ。ここでも材料支給を受けて恩加島鉄工所は加工作業に特化していた。[13]

この時期の大口受注としては日本窒素肥料からの興南工場で使用する電極ピンがあった。第一回発注一〇万本を一九二八年二月に落札した恩加島鉄工所は納期に間に合わせるために製作方法の改善に取り組み、受注単価一本一円五三銭のところ最終的には一本五〇銭の利益を上げることができた。続いて第二回入札では一円三七銭、第三回入札では一円三〇銭を提示していずれも落札し、第三回では一本当たり四〇銭の利益を上げることができた。一方久保田鉄工所恩加島工場の拡張が進み、権四郎から柴柳に対して恩加島鉄工所の他所への移転を考えておくようにとの指示があった。港区（三二年に分区して大正区）南恩加島町四五九番地の天洋工業所の工場跡地が出たため、二九年末に権四郎の許可を得て三〇年五月に新工場に移転した。工場跡地買収は先の日本窒素肥料向け電極ピンの利益で賄うことができた。新工場の規模は敷地約一〇〇〇坪、建坪二五四坪、職員一〇名、工員六六名であった。二九年度の営業売上高は二八年度に比して五パーセント減であったが、二九年下期は二八、二九年度の四期中最高の売上高を示した。[14]

新たな自社製品を考えていた柴柳はそのことを神戸製鋼所の坂倉卯三郎販売課長に伝え、坂倉は大阪の工具商児玉保一に相談した。当時の作業工具類の多くは輸入品であったため、児玉はペンチ類の型打鍛造を薦め、これを受けて恩加島鉄工所では鍛造機械を使って作業工具の国産化に取り組み、「ハッピー印工具」の商標で三〇年から販売した。ハッピー印工具は大阪の加納商店、児玉保一商店、岩田兄弟商会、大西三郎商店、湯浅商会、京都の大沢商会、東京の井坂屋商店などが取り扱った。[15]

昭和恐慌期には恩加島鉄工所の経営も苦しかった。一九三〇年上期の売上高は二九年下期の七割弱に激減し、下期は横ばいだったものの、三一年上期は前年同期比七六パーセント、下期は前年同期比四五パーセントに迄低下した。この時期外部からの加工注文が少なく、ハッピー印工具に注力したものの成果は期待したほどでなかった。この間に宮田岩吉（元神戸製鋼所購買課勤務）の紹介で依岡省輔神戸製鋼所元専務取締役から二万円を借り入れ、危機を脱することができた。満洲事変後になると日本製鋼所からの注文が増加し、現有設備では消化しきれないほどになった。このときも設備資金四万円を依岡から融通してもらい、借入金は日歩三銭の約束であったが、柴柳は日歩四銭の利息で完済した。[16]

一九三二年一一月現在の恩加島鉄工所の資本金は二〇万円、三一年度の営業収益税納付高は八一円、所得税納付高は五〇円六〇銭であった。工員数は一三〇人、年間売上高は六〇万円以上、最大生産力は鍛鋼品四〇〇〇トン以上であり、工学士岡理喜雄が技師長であった。直近一年間の売上高は鉄道電車客貨車用鍛造品約一〇万円、艦船用クランクシャフトその他鍛造品約一〇万円、自動車用鍛造品約一〇万円、セメント工場・鉱山用鋼球約五万円、水力土木港湾用鍛造品約五万円、その他各種鍛造品約五万円、諸機械器具約五万円、ハッピー印工具約一〇万円であった。[17] 三二年一一月に恩加島工場を視察した海軍造兵監督官によると「最近名古屋三菱航空機会社ヨリ、大同電気会社ノ材料ニヨリ飛行機部品ノ型打鍛造註文相当量アリ 『レンチ』類（『ハッピー』印）ハ市内問屋ニ一手販売セシメ月額一万円程ノ取引アリ」、「材料ハ主トシテ日本製鋼所ヨリ供給ヲ受ケツツアリ」、「『ドロップホーヂング』ニ就テハ技術優良ニシテ製品ノ出来栄見事ナリ」、「工場狭隘ニシテ所謂町工場的ノ感ヲ免レズ　機械仕上及試験設備等ニ対シテハ尚改善ノ余地アルヲ認ム」であった。[18]

一九三三年四月現在、恩加島鉄工所の従業者数は職員一二名、火造部七九人、工具部六四名、仕上部三四名、合計一八九名に増加した。業容の拡大を受けて三四年六月に恩加島鉄工所は株式会社（公称資本金二〇〇万円、払込資本金五〇万円）に改組し、取締役社長に柴柳、取締役に久保田静一（権四郎長男）、金丸喜一（東京帝大工学部機械工学科卒、久保田鉄工所取締役）、藤田伊三次（柴柳と姫路中学同期、井上電

機社長）、監査役に島田徳太郎（尼崎製鉄等の取締役）、酒井栄三（久保田鉄工所経理課長）が就任した。その後同年九月に鉄道技師加藤毅（東京帝大工学部機械工学科卒）を取締役に迎え、さらに三五年六月に藤野勝太郎（大阪の実業家、豊田自動織機重役）、同年一一月に山口定亮（久保田静一の友人）、三七年二月に徳田治三郎（神戸製鋼所元常務取締役、鍛造工場長）がそれぞれ取締役に就任した。また三五年四月に本社所在地を大正区南恩加島町から神崎工場の所在地である西淀川区佃町に移転した。新工場の神崎工場は三五年三月に落成し、敷地二〇〇〇坪、従業者数約二〇〇名、従来の恩加島（木津川）工場が約一〇〇名であった。[19]

一九三四年八月に恩加島鉄工所は「当社の前途は流行の鉄工界中に於ても特に一異色として期待するに足るものだが、就中自動車部分品の将来は相当に興味があらう。先般来三菱、大隈、豊田等の各自動車製作会社との間に部分品供給の特約談が進行中であつたが、これも纏まり、大量製品消費の途に懸念がない」[20]と報じられた。

柴柳は一九三四年八月からソ連、ドイツ、オランダ、イギリスなどを視察し、自動車用・航空機用エンジンバルブの製造方法を調査する一方、最新機械の買い付けを行った。一カ月余のドイツでの視察を終り、パリのホテルで一緒になった大阪の実業家藤野勝太郎からドイツのハーゼン

図 8-3　輸入機械を加え新鋭機で整備された昭和 10 年頃の恩加島・神崎工場

クレーバー社が自動車用エンジンバルブのすばらしい製造機械をつくっているとの情報を得た柴柳はドイツに戻って即座に購入契約を締結した。「電気アプセッター」（鍛縮機）と称するこの機械は日本における自動車用エンジンバルブの生産に変革を引き起こした画期的なものであった[21]。

表8―1にあるように法人化後の恩加島鉄工所の売上高は順調に増加した。しかし利益金は三四年下期から三六年下期にかけて横ばい状態であった。この理由として「販路としては豊田自動車と特殊契約を結んで極めて有利なる立場を採つた。然し鍛工部分品の製造は我国に於ては最初の試みではあり、且は母体たる自動車工業そのものに未だ充分なる基礎がなかつたから、姑くは充分なる成績が挙らず、為に自動車の部分品に力を入れて以来の会社の業績は寧ろ低下の傾向を免れなかつた」[22]と評された。

表8-1　恩加島鉄工所・日本鍛工の営業成績（千円）

期別	払込資本金	売上金	当期利益金
1934年上期	111	57	20
下期	500	261	71
35年上期	500	320	74
下期	538	412	65
36年上期	800	464	60
下期	800	517	67
37年上期	1,160	744	127
下期	2,550	134	26
38年上期	2,550	1,408	209
下期	4,296	1,927	434
39年上期	5,740	2,752	719
下期	5,750	3,843	954
40年上期	7,000	4,859	1,201
下期	8,750	5,848	1,285
41年上期	8,750	5,880	1,317
下期	8,750	6,106	1,337
42年上期	10,500	7,119	1,697
下期	10,500	8,463	1,749
43年上期	10,500	15,294	3,338
下期	10,500	20,887	4,594
44年上期	15,375	30,126	7,732
下期	15,375	32,464	7,798
45年上期		35,976	5,767

［出所］1934年上期～37年上期：恩加島鉄工所：「恩加島鉄工所」（大阪屋商店調査部編『時局に副ふ事業株』1937年、100頁、および「日本鍛工の設立」（『ダイヤモンド』1937年10月11日号）110頁。1937年下期～44年下期：日本鍛工『営業報告書』各期。1945年上期：藤田幸永『柴柳新二伝』柴柳新二伝刊行会、1965年、224頁。

しかし三六年五月に自動車製造事業法が制定されて以降国産自動車メーカーの躍進は著しく、そうしたなかで鍛工品である自動車部品生産にも習熟してくると恩加島鉄工所の成績も上向き、その延長線上に東京方面への進出が構想されることになったのである。

三　戦時下における日本鍛工の経営発展

一九三六年九月に恩加島鉄工所の月売上高が一〇万円を超えた。業容の拡大を踏まえて柴柳は資本金五〇〇万円の新会社を設立し、その直後に株式会社恩加島鉄工所を合併するとともに新工場を東京方面に設立し、そこにアメリカ製の最新鋭鍛造機械を設置して拡大する自動車用鍛工品需要に対応するという構想を固めた。[23]柴柳は山口定亮とともに上京し、山口の親友である東京瓦斯電気工業常務取締役の谷口賛三郎と新会社設立について協議した。谷口の紹介で池貝鉄工所の池貝庄太郎からも賛同を得ることができた。東京瓦斯電気工業も池貝鉄工所も東京鍛工所の大株主のため、[24]柴柳の構想を表立って全面的に支援することはできなかったが、個人の資格で発起人として参加することを快諾したのである。さらに柴柳は使用鋼材の関係から日本火工（四二年に日本冶金工業と改称）の西沢憲政営業課長を介して森矗昶とその息子森暁《さとる》に面会して自らの構想を話すと、森父子は四万株（二〇〇万円）を引き受けてもよいとの好意的な反応を示した。[25]

こうして一九三七年八月に日本鍛工（公称資本金五〇〇万円、払込資本金一二五万円）が設立された。こ

のとき の一〇万株の引受先は小谷武男関係三万株、池貝関係一万五〇〇〇株、日本火工関係一万二五〇〇株、恩加島鉄工所関係二万株、恩加島鉄工所株主関係二万株であった。[26]八月四日の創立総会において取締役社長に柴柳、取締役に久保田静一、藤野勝太郎、森暁、今井四郎、小谷武男、監査役に山口定亮、相談役に池貝庄太郎、谷口賛三郎がそれぞれ選出され、九月一七日の臨時株主総会で島田徳太郎、徳田治三郎、加藤毅、角田稔が新たに取締役に選任され、同月三〇日に藤野勝太郎が取締役を辞任して相談役に就任した。同年一二月に恩加島鉄工所（公称資本金二〇〇万円、払込資本金一三〇万円）を合併した結果、日本鍛工の公称資本金は七〇〇万円、払込資本金は二五五万円となった。[27]

続いて一九三八年四月二〇日までに久保田静一、森暁、今井四郎、島田徳太郎、徳田治三郎、小谷武男、加藤毅、角田稔の八名の取締役、山口定亮、中江喜作、坂田三一郎の三名の監査役が辞任し、二一日の臨時株主総会において久保田静一、森暁、角田稔、加藤毅が取締役、今井四郎、島田徳太郎が改めて監査役に選出された。[28]久保田静一は権四郎の長男であり、角田稔は二三年に慶應義塾大学経済科を卒業後三和銀行を経て三六年五月に恩加島鉄工所に入った。今井四郎は京都帝国大学を卒業し、池貝鉄工所の常務取締役であった。従って日本鍛工の重役陣は柴柳社長を恩加島鉄工所以来の角田稔と加藤毅、および久保田静一（三八年当時は四四歳）と森暁（同じく三二歳）が支えるといった布陣であった。[29]

一九三八年四月の重役陣の大幅な変化について、「社長柴柳新二氏の独裁振りを続つて、重役間の軋轢が漸次昂まつて行つたのだ。そして、土地問題、払込の可否、重役待遇問題等を繞り、社長系の重役と反社長系重役の対立は著しく激化され、はては重役解任問題にまで発展したのである」といわれた。三八年四月の新重役陣の構成は表8―2の通りであるが、結局「当社（日本鍛工―引用者注）と日本火工及び池貝自動車（池貝は一時持株を手放したと伝へられたが、現在なお一万株近くを所有してをる）との関係は、相変らず存続され、他方株主の大多数は依然社長を支持してをることが判る。いな重役陣の顔触れの半減した点から想像すれば、寧ろ柴柳独裁制はこゝに完全に確立したと云へる」と『東洋経済新報』は評した。[30] この点については『経済之日本』も「重役間の内訌は、四月末の臨時総会で一部役員の退任により一掃し柴柳現社長を中心としての強化をみるに至つた」[31]として同様の評価を下している。表8―2にあるように重役退任に際して資本系統別に結束した行動をとっている訳ではなく、ワンマンな柴柳に対する個人的感情が大きかったのかもしれない。このときの紛糾で徳田治三郎、島田徳太郎、山口定亮といった恩加島鉄工所以来の人々だけでなく、最大株主の小谷武男も日本鍛工を去ることになったのである。その後の役員の変遷についてみると三九年上期に山下太郎が監査役、四〇年上期に上島米太郎が取締役、四〇年下期に岩田清蔵（森コンツエルン系）が専務取締役、四三年上期に渥美登志男（森コンツエルン系）が監査役にそれぞれ就任した。[32]

表 8-2　日本鍛工新重役の構成（1938 年 4 月）

役職	氏名	備考
取締役社長	柴柳　新二	旧恩加島
取締役	久保田　静一	旧恩加島
〃	森　暁	日本火工
〃	（今井　四郎）	池貝
〃	（島田　徳太郎）	旧恩加島
〃	（徳田　治三郎）	旧恩加島
〃	（小谷　武男）	東京大株主
〃	加藤　毅	旧恩加島
〃	角田　稔	旧恩加島
監査役	★今井　四郎	池貝
〃	★島田　徳太郎	旧恩加島
〃	（山口　定亮）	旧恩加島
〃	（中江　喜作）	日本火工
〃	（坂田　三一郎）	池貝
相談役	池貝　庄太郎	池貝
〃	藤野　勝太郎	大阪大株主
〃	（谷口　賛三郎）	瓦斯電

［出所］「問題の日本鍛工はどうなる」（『東洋経済新報』1938 年 4 月 30 日号）46 頁。
（注）（1）（ ）内は辞任、★印は肩書変更、その他は重任。
（2）1938 年 4 月 21 日の臨時株主総会において島田徳太郎は監査役に選出されたが、就任登記されなかった。

前掲表8―1にあるように戦時期の日本鍛工は拡大を続け、売上高も増加の一途をたどった。四〇年八月に公称資本金を一〇五〇万円（払込資本金八七五万円）、四四年上期に三〇〇〇万円（払込資本金一五三八万円）に増資した。三八年一一月末現在の大株主は日本火工九七〇〇株、柴柳新二九〇〇〇株、山一証券六九二〇株、久保田静一六三五〇株、藤野合資五四〇〇株であり[33]、第一回増資後の四二年下期末現在の大株主は表8―3にあるように森暁三万二四〇〇株、次に穴水嘉三郎（甲州財閥のひとり）・勝彦一万五八七五株、岸本一族一万一〇二〇株、久保田権四郎・静一七九五〇株、松井孝長（住友生命保険専務取締役）

表 8-3　日本鍛工の大株主（1942 年 11 月 30 日現在）　（株）

氏名	株数	備考
秋山　千治	1,460	加賀商店専務取締役
穴水 嘉三郎	8,625	北電興業取締役社長
穴水 勝彦	7,250	旭不動産取締役社長
池貝 庄太郎	1,910	池貝自動車製造取締役社長
大原 總一郎	1,125	倉敷紡績取締役社長
岸本 英三郎	1,000	
岸本 兼太郎	2,050	岸本汽船社長
岸本 邦四郎	1,000	岸本兼太郎四男、前日本タンカー取締役
岸本 寿太郎	4,480	岸本兼太郎長男、岸本汽船取締役
岸本 精三	2,490	岸本汽船取締役
木下 茂	1,010	山一證券取締役社長
草川 求馬	1,250	草川商事取締役社長
久保田 権四郎	3,250	久保田鉄工所取締役会長
久保田 静一	4,700	久保田権四郎長男、久保田鉄工所代表取締役
柴柳 新二	6,000	日本鍛工取締役社長
角田 稔	2,100	日本鍛工常務取締役
藤野 勝太郎	1,000	
松井 孝長	7,100	住友生命保険専務取締役
水野 浩二	4,200	東山土地取締役
溝口 庄太郎	1,375	大阪商事取締役社長
室田 そで	1,500	
森 暁	32,400	日本冶金工業取締役社長、森興業取締役社長
山下 太郎	2,200	康徳興業取締役社長
小計	99,475	
総計	210,000	
総株主数	1,507 名	

［出所］日本鍛工『株主名簿』（1942 年 11 月 30 日現在）、および人事興信所編『人事興信録』第 13 版、上巻、1941 年。

七一〇〇株であり、いずれも柴柳の持株六〇〇〇〇株を上回った。

一九四二年下期末で日本鍛工の借入金は九三七万円、支払手形が七〇〇万円に上っており、四三年春には今後さら五〇〇〇万円の投資が見込まれているといわれていた。そこで不可避となる増資規模については三〇〇〇万円への増資が想定され、「新株の割当は一対一とし、残りの十八万株（九〇〇万円）は特殊方面で所有する事になると思はれる」と予想された。日本鍛工では四二年末に「日本冶金工業と合併を計画されたが、種々の事情で、この合併計画は解消されるに至つた。当社製品の重要性に鑑み特殊方面の支援の許に、当社単独で大拡充を進めるのである」と報じられた。[34]設備拡充に必要な増資資金を引き受けた「特殊方面」とは戦時金融金庫であった。三〇〇〇万円増資に際して戦金は新株三九万株のうち一八万株を引き受けた。[35]四三年七月二〇日の定時株主総会において平尾信通と藤田六郎の二名が取締役に新任されたが、平尾（朝鮮銀行大阪支店調査役）は戦時金融金庫を代表して就任した専務取締役であり、元海軍機関大佐の藤田は顧問として以前から日本鍛工に関与していたが今回正式に海軍の推薦で取締役に就任したのである。[36]

平尾は日本鍛工の思い出を「日鍛に入ったらまもなく、ある課長から――専務、三十万円出して下さい――と、書類も何もなしに、ただ口頭で言われてびっくりした。銀行では二十円の計算違いがあっても帳尻が合うまでは徹夜でもする――という極めて厳格な手順をふんでいるのに、突然口頭だけで言われたからであった。理由を聞いて理解はできたが、稟議書を書かせる事にした。銀行マン方式と生産会社方式の食い違いで、私もかなり面くらったが互いに採長補短の実があがったのはうれしかった」[37]と語った。

次に戦時期における日本鍛工の設備拡張についてみると、最新式鍛造機械の買い付け、海外鍛造業界の視察のために柴柳は一九三七年六月から九月にかけて技師長の加藤毅、支配人格の加地稔、技師の吉田道雄をアメリカに出張させ、九月から一二月には飯尾昌克技師をドイツに派遣した。渡米班は新鋭機械だけでなく、鍛造図面や型彫図面も入手し、飯尾技師はドイツのオイムコ社が開発した航空機用中空バルブ＝ホロヘッドバルブの製作技術を習得して帰国した。三八年三月に川崎市田辺新田に新工場用地一万三六三坪を買収し、九月に川崎工場が一部竣工した。[38]川崎工場について「九月より一部操業を開始し、十二月中には七、八〇％運転出来るやうになつてをる。（中略）六瓲のアメリカ製大ハンマーを始め、三、四瓲のハンマー数台、ヘーゲン製自動調質炉等、日本に今迄なかつた優秀な機械が並んでゐる」[39]と評された。また三九年五月の工場訪問記は「鍛工場には自動調節の連続重油鍛造機、スチームドロップハンマー、フオージングマシン等見上げるばかりのものばかりで如何にも振動が激しい。ドロップハンマーは米国チヤムバースバイツ会社製一二〇―一八〇トンの大型々打鍛造機にして本邦一といはれる。これが両側に並びがんがんと自動車部品の型打ちをやつてゐる。フオージングマシン又た米国製で多量生産に適する。この鍛工場は当社事業の生命だけに流石に巨額の資金を投下してゐる。（中略）米国製ゼネラルフレキシブル・パワープレスといふ機械があつて鍛造品のヒズミを取り、或ひは曲がりが直される（中略）又た一定の品質を得るため、米国製ヘーゲン熱処理炉に於いて調質作業が行はれる、米国製コガン硬度計によつて硬度を測定し、其の上でよいものは最優秀の工作機械設備のある機械工場に廻り（中略）精密に仕上加工されて、完全なる自動車部品となつて市販される」[40]と報じた。

川崎工場については当初「工場の位置を瓦斯電工と日本火工との中間に選んだのは、日本火工より材料の供給を受け、瓦斯電工へは製品の納入をなすと云ふ合理的仕組を狙つたもので、此の点同業他社に比し頗る強味である。のみならず日本鍛工は、恩加島鉄工時代から豊田自動車とは特殊の関係にあり、豊田の自動車用鍛工部品の悉くは、殆ど一手に引受けて来たのだ。従つて新設の東京工場の生産設備も、差当りは豊田、瓦斯電工、池貝自動車等の受註を目標に建設される」[41]予定であった。ところがその後東京瓦斯電気工業が「振動大なるハンマー作業を伴ふ新工場の建設は自社の作業に支障を来すとして、今更ながら土地不売却を提言するに至り」、日本鍛工は結局他所（川崎市田辺新田）に土地を求めることになったのである。

一九三八年上期には「鋼材ノ供給ハ益々円滑ヲ欠キタルガ為メ大部分ハ材料支給工事ニテ売上高ノ如此増加ハ畢竟作業量ノ増加ヲ示スモノナリ」[42]としていた日本鍛工であったが、下期になると早くも「航空機自動車工業並ニ軍需工業ハ愈々殷賑ニ向ヒツ、アル現状ニテハ当社現在ノ設備デハ最早著シク不足ヲ生ジ来期ニ於テ更ニ大拡張ヲ余儀ナクサレ」[43]と予想していた。四〇年上期になると「石炭電力等ノ配給不円滑ナリシニモ不拘従業員ノ緊張努力ニ依リ東西両工場共製産著敷増加シ近年ノ最高記録を示ス」[44]状況であった。

一九四一年初頭、日本鍛工は「事変発生当時は自動車部品の製作高が第一位を占めてゐたが、事変の進展と共に今では航空機、戦車部品等の純軍需品の製作高が、全体の三分の二を占めるに至つた。此の間、工場の規模もそれに伴れて拡大強化され、その結果、今日では、鍛造専門四社（当社、東京鍛工、理研鍛造、[45]東京精鍛工）中、文字通り重点的存在となつてゐる」[46]と評された。

また一九三八年九月に日本鍛工は奉天の満洲工作所と合弁で日満鍛工を創立、翌一〇月に陸海軍航空本部から生産拡充を指示され、三九年七月に恩加島、神崎および川崎の三工場はいずれも陸海軍共同の管理工場に指定された。四二年一月に日本鍛圧機械が設立され、柴柳が取締役社長に就任した。同年一〇月には陸軍航空本部、一一月には海軍航空本部から一層の生産拡充の示達を受けた。これにもとづき日本鍛工は四三年六月二六日の重役会で第四次の新設拡張計画を決定した。四三年六月に恩加島工場を勝山鍛工造機に売却し、四四年四月に日本鍛工は軍需会社に指定された。[47]

恩加島工場と神崎工場は一九三八年末には拡充の余地がなくなっていた。そこで陸海軍からの生産拡充の要請に対して一万坪見当の新工場の新設を計画し、三九年六月に尼崎工場敷地一万二一〇二坪が購入され、資材不足のなか軍指令にもとづく建設であったため、四二年初頭から操業に入ることができた。四一年一二月の神崎工場の従業員は約四〇〇名（うち職員七〇名）、恩加島工場が約一〇〇名（職員一〇名）であったが、神崎工場造機部（日本鍛圧機械として独立）を残して全部を尼崎工場で収容した。[48]

型打鍛造機械の国産化をはかるために柴柳は一九三九年にドイツから輸入した新鋭機械に改良を加えて神崎工場に造機部を設置して自社だけでなく軍工廠や業界の需要に応じた。そのために設立したのが日本鍛圧機械（資本金五〇万円全額払込）であった。その第一着手として三九年一一月に大阪市の萩野プレスの設備と営業権を買収して鍛造機械の生産に乗り出した。四〇年六月には大阪の勝山鍛工造機との提携が成立し、勝山鍛工造機の株式四〇〇〇株を日本鍛工が取得、勝山鍛工造機の取締役に柴柳と森暁が就任した。日本鍛圧機械は日本鍛工造機部の土地建物、機械、および勝山鍛工造機の造機工場の機械器具の現物出資を基礎にして、四二年一月に設立された。創立時の従業者数は一四六名（うち職員四一名）であった。四三年後半になると勝山鍛工造機が軍管理工場に指定されたため、日本鍛圧機械と勝山鍛工造機の作業上の協力が困難となり、四四年一月に日本鍛工は先の四〇〇〇株を勝山側に売却して提携関係を解消した。しかし日本鍛圧機械への現物出資分はそのままであり、同社に対する勝山鍛工造機の持株もそのままであった。勝山鍛工造機に対して恩加島工場を売却したのも、日本鍛圧機械と日本鍛工のこうした関係によるものであった[49]。

「軍需品生産能力拡充上工作機械及鍛圧機械等カ最大ノ隘路ヲ形成シアルニ鑑ミ陸軍用航空機並ニ航空武器弾薬其ノ他特ニ緊急兵器整備ニ必要ナル設備機械生産ノ鞭撻並ニ取得促進ノ対策ヲ考究」するため、一九四二年八月には陸軍主催の「工作機械及鍛圧機械等ノ生産促進会議」の開催が予定されていた[50]。航空機生産、兵器生産においていまや工作機械とともに鍛圧機械の増産が焦眉の急となっていた。こうした課題に応えるために日本鍛圧機械が設立されたのである。さらに四三年一二月二日には「航空機等ノ増産確保ノ為必要ナル鍛圧機械ノ緊急措置ノ件」が閣議決定された。「航空機、兵器、艦船等ノ生産増強、特ニ航空機ノ飛躍的生産増強ニ即応シ之ガ先行条件タル使用材ノ圧延、鍛造、押出等加工能力ノ急速ナル増強並ニ高能率鍛圧機械及精密型打鍛造機械ノ利用ニ依ル資材ノ節約、工作能率ノ昂揚ヲ図ル為既存鍛造設備ノ活用ヲ図ルト共ニ左ニ依リ鍛圧機械ノ緊急増産ヲ図ラントス」[51]というのが閣議決定の方針であった。使用材料節約の観点からも鍛圧機械のより広範な使用が求められており、日本鍛圧機械には大きな期待がかけられていたのである。

しかし鍛圧機械の場合、「設備ニ於テハ大型鍛鋳造品ノ加工ガ主ニシテ取扱品ガ重量物ナルコト従テ加工機械ノ大ナルコト等工場ノ規模一般ニ大ニシテ婦女子ノ労働ニ不適当ニシテ且技術ニ於テハ同一部品ヲ大量ニ製作スル部面少ク工作機械ノ如ク同一加工ヲ繰返スコト少キコト」[52]のため男子労働者が求められた。鍛圧機械の増産は労働力の面からも制約されていた。

一方一九三八年九月に日満鍛工（資本金五〇万円）が設立され、四一年二月に資本金を二〇〇万円に増資した。先にみた北村利一は北村鉄工所から手を引いた後渡満し、奉天にある満洲工廠の鍛造部の技師となった。北村からの誘いに従って柴柳は満洲での事業展開に同意し、満洲工作所と日本鍛工の半額出資によって日満鍛工が設立された。四一年二月の増資の際には全額を日本鍛工が引き受けたため日満鍛工は日本鍛工の子会社となり、柴柳が社長に就任した。四三年春に奉天に赴いた柴柳に対して関東軍特務機関から日満鍛工株式の半数を満洲重工業開発に譲渡してほしいとの申し入れがあった。これを受けて四三年八月に日満鍛工の取締役会長に高碕達之助（満洲重工業開発総裁）、代表取締役社長に山田忍三（満洲重工業開発理事、満洲工廠社長）が就任し、柴柳は社長から取締役となった[53]。

アジア太平洋戦争期の日本鍛工をめぐる業界状況について「目下の処この鍛造作業を専門的に大規模に行つてゐるのは当社（日本鍛工―引用者注）の外に東京鍛工及理研鍛工（造―引用者注）がある程度で、他は何れも規模が少ない、其内にあつて当社の特長は設備及技術が優秀な上に航空機用バルブの製作に強味を有してをる事だ。即ちこの種の製作を行つてゐる所は三菱重工、日本鍛工、日本特殊鋼の三社に過ぎぬ、特に量的には三菱重工と当社が断然多く、当社は重点工場としての貫禄を充分に示してゐる」[54]と評された。

航空機増産のためには中空バルブの増産が不可欠であったにもかかわらず、川崎、尼崎の二工場に拡張の余地がなかったため、神奈川県に秦野工場の建設が計画された。四三年九月に建設に着手し、四四年初には川崎工場の航空機用中空バルブおよび尼崎工場の自動車用バルブの生産施設をここに移設した。秦野工場の第一次協力工場は四四年一〇月時点で三五社あり、四五年春から本格的な稼働に入った。[55]

一九四四年四月に軍需会社に指定された日本鍛工では柴柳が生産責任者となり、生産責任者によって任命された生産担当者は、川崎工場が藤田六郎、尼崎工場が松浦寿吉（四四年七月に取締役就任）、秦野工場が加藤毅であった。軍需工場は「工場」を「製造所」に改称することになっていたが、それは軍需省に提出する書類上のことであり、従業員は従来通り「工場」と呼んでいた。[56]

一九四二年において「当社は、そうした材料註文主持ちの賃仕事が、全体の五割位を占める」といわれた。また「当社は、労務者一人当りの労務費が相当多い」とされ、それは「当社の労務者は、殆ど全部重筋労務者である」だけでなく、「当社は、実働工賃は兎に角、従業員賞与が非常によい。毎期、経理統制令の制限以上が出されてゐる。此の事は、経費外支出の社員特別賞与の多い事から窺はれる」といわれた。[57] 時局産業のなかの重点企業である日本鍛工の拡張は戦争末期まで続いた。

一九四三年六月に日本鍛工が決定した工場の新設拡充にともなう新規所要従業者数は四三二五名（事務職を除く）に及び、そのなかには技術者三〇五名が含まれていた。戦時期に入って専門学校が増設されたとはいえ日本鍛工が希望通りに卒業生を迎え入れることはほとんど不可能であった。そこで自社に必要な技術者を養成し、鍛造業界にも供給する目的から日本鍛造工業専門学校を設立する計画が四四年一〇月の重役会で決定された。文部省の認可を受けた後、同校は四五年四月に開校し、学校推薦にもとづいて一〇二名が入学した。学校長には先にみた川崎工場の藤田六郎元海軍機関大佐が兼任で就任した。しかし終戦によって日本鍛造工業専門学校は一年で廃止されることになった。[58]

最後に柴柳の鍛工業界での業界活動についてみておくと、一九三一年に親睦団体である大阪鍛工会が設立されると柴柳はその中心的メンバーの一人であった。同業者によると「大きな工場はクランクをやっていたが、柴柳さんは小物の数ある物に目をつけてクランクはやらなかった。（中略）クランクは競争がはげしく、不景気になるとすぐ値くずれが起る。それを避けるのに、われわれ仲よくやるため会をつくったらどうかと、親睦会として集まった」のであった。大阪鍛工会は戦時期になると工業組合になり、三九年に全国鍛造工業組合連合会が組織されると理事長には染谷関太郎東京鍛工所元取締役・理研鍛造社長が就任し、四一年五月に同連合会が日本鍛工品統制工業組合連合会に改組されると柴柳が理事長に就任した。[59]

おわりに

一九二四年の開業当初は鉄道車輌関連の鍛工品が中心であった恩加島鉄工所はその後市場の多角化を進め、昭和恐慌を何とか乗り越えた三二年には鉄道電車客貨車用鍛造品、艦船用クランクシャフトその他鍛造品、自動車用鍛造品、セメント工場・鉱山用鋼球、水力土木港湾用鍛造品、その他各種鍛造品、諸機械器具、ハッピー印工具と多品種少量生産を特色としていた。三四年の柴柳のヨーロッパ視察は「電気アプセッター」と呼ばれる日本における自動車用エンジンバルブの生産に変革を引き起こす画期的な鍛造機械をもたらした。この頃より自動車用部品の比重が徐々に高まるが、技術的不十分さと自動車生産自体の小規模性に規定されて売上高の増加がただちに収益向上に結び付いた訳ではなかった。

一九三七年の技師のアメリカ、ドイツ派遣によって最新鋭鍛造機械とともに航空機用中空バルブ＝ホロヘッドバルブの製作技術がもたらされた。柴柳は自動車部品需要を摑むために東京進出を決意し、庇護者久保田権四郎の許を離れて日本火工、東京瓦斯電気工業、池貝鉄工所と手を握り日本鍛工を成立させ、同時に基幹工程に輸入機械を導入した川崎工場の建設を進めた。三八年春には柴柳の独裁的な経営に反発して袂を分かつ重役も現れたが、その後も日本火工および池貝鉄工所との関係は継続し、四名の取締役のうち二名は恩加島鉄工所以来の柴柳の部下であり、残りの二名は年下の二代目経営者であり、柴柳の経営に対する主導性はさらに強化された。

戦時期の日本鍛工は航空機部品と軍需品部品という新たな基軸製品を擁するようになり、工場は拡張を続けた。アジア太平洋戦争期には恩加島工場と神崎工場は尼崎工場に集約され、川崎工場との東西二工場体制をしき、戦争末期には秦野工場が加わった。さらに子会社である日満鍛工と日本鍛圧機械を有した。設備投資資金は巨額に上り、株式所有の面では創業者柴柳の地位は低下を続け、三〇〇〇万円増資に際しては戦時金融金庫に依存し、同金庫の代表者を専務取締役として迎え入れた。

注

1 日本における型打鍛造のパイオニア企業。

2 大阪高等工業学校編『大阪高等工業学校一覧』明治四一・四二年、一九〇九年、一〇七頁。

3 藤井幸永『近代鍛造の先駆者　柴柳新二伝』柴柳新二伝刊行会、一九六五年、三一―三二頁。同上書では大阪高等工業学校入学が一九〇八年四月となっているが（同上書、一七頁）、この当時の入学は九月である。

4 同上書、二三―三〇頁、および久保田鉄工編『久保田鉄工八十年のあゆみ』一九七〇年、五二頁。

5 久保田鉄工編、同上書、五一―五二頁。

6 藤井、前掲書、三一―三三頁、および恩加島鉄工所「経歴書」昭和七年一一月（アジア歴史資料センター、Ref. C05023226000）。

7 沢井実『久保田権四郎』ＰＨＰ研究所、二〇一七年、六一―六二頁、および久保田鉄工編、前掲書、五七―五八頁。

8 藤井、前掲書、三七―三八頁。

9 同上書、三九―四一頁。

10 同上書、四五、四八―四九、五七頁。一九二一年上半期の実用自動車製造『第三回決算報告書』に記載された取締役五名のなかには柴柳の名前はなく、株主名簿にも登場しない（実用自動車製造『第三回決算報告書』大正一〇年上半期、一一頁、および同『株主名簿［一九二一年五月末現在］』）。したがって「専務」のポストは非公式のものだった可能性がある。

11 藤井、前掲書、五九―六四頁。

12 経営不振が続いていた実用自動車製造とダット自動車商会は前者が後者を買収する形で合併し、一九二六年一二月にダット自動車製造（久保田権四郎社長、久保田篤次郎専務取締役）となった（久保田鉄工編、前掲書、六三頁）。

13 藤井、前掲書、六五―七二頁。

14 同上書、七三―七九頁。

15 同上書、八〇―八二頁。

16 同上書、八三―八四、八八―九四頁。

17 恩加島鉄工所、前掲「経歴書」。

18 松井機関中佐「工場視察記事」昭和七年一一月二八日（アジア歴史資料センター、Ref. C05023226000）。

19　藤井、前掲書、一〇〇―一〇四、一〇七、一一六頁。

20　「恩加島鉄工所」（『東洋経済新報』一六一二号、臨時増刊『関西弐百七拾会社の解剖』一九三四年八月一日）一一三頁。

21　藤井、前掲書、一〇五―一〇六頁。

22　大阪屋商店調査部編『時局に副ふ事業株』一九三七年、一〇〇頁。

23　一九三七年四月に「当社（恩加島鉄工所―引用者注）の最大得意先たる豊田自動織機が今年中に自社の自動車工場を分離して独立の会社となし、自動車の大増産を行ふこと、なつた。之が実現すると当社はかなり恵まれて来る」（「恩加島鉄工所」『東洋経済新報』一九三七年四月一七日号、一八三頁）、同年八月に「恩加島鉄工所は鍛工品から出発した会社であるが、現在は自動車部分品製作が主体をなしてゐる。（中略）日本鍛工は当社の延長である。（中略）販売は豊田自動車と特約があるから心配ない」（「恩加島鉄工所」『東京経済新報』第一七七五号、臨時増刊『重大事局と関西の事業界』一九三七年八月二五日、一一四頁）と恩加島鉄工所と豊田との強い結びつきが報じられた。

24　染谷関太郎は芝浦製作所鍛造工場、室蘭製鋼所（後の日本製鋼所）、池貝鉄工所鍛造工場を経て一九一五年三月に独立、染谷鉄工所を設立、その後園池製作所の園田武彦、池田靖らとともに一八年四月に東京鍛工所を設立した。従って染谷は染谷鉄工所を経営しつつ、東京鍛工所の経営に参画した（染谷関太郎『私の思い出話―鍛造生活一筋の』武蔵興業社、一九六二年、四二―五二、一七〇頁）。

25　藤井、前掲書、一一七、一二三―一二四頁。

26　山一證券『鍛工界に躍進する日本鍛工株式会社の業容』一九三八年、三頁。

27　日本鍛工『第一期営業報告書』一九三七年下期、二―三頁、および恩加島鉄工所『財産目録』昭和一二年一一月二二日。

28　日本鍛工『第二期営業報告書』一九三八年上期、二―三頁。

29　中外産業調査会編『人的事業体系　製作工業編（下）』一九四〇年、五四―五五頁。

30　「問題の日本鍛工はどうなる」（『東洋経済新報』一九三八年四月三〇日号）四六頁。

31　「日本鍛工は減配せず」（『経済之日本』第一九巻第六号、一九三八年六月）二五頁。

32　日本鍛工『営業報告書』各期。一九四〇年に岩田清蔵は大江山ニッケル鉱業取締役、昭和鉱業常務取締役、渥美登志男は森興業取締役、日本火工取締役、昭和火薬経理部長であった（交詢社編『日本紳士録』第四四版、一九四〇年、二三、八二頁）。

33　「日本鍛工は頻々払込」（『ダイヤモンド』一九三九年四月一日号）一〇二頁。

34 「積極拡充の日本鍛工」(『ダイヤモンド』一九四三年四月二一日号)二七頁。

35 「航空決戦と日鍛・東鍛」(『東洋経済新報』一九四四年一月二九日号)一四頁。

36 藤井、前掲書、一七〇、一七三頁。

37 同上書、三八七頁。

38 同上書、一三一、一三五頁。

39 「日本鍛工」(『東洋経済新報』一九三九年一月一日号)一七四頁。

40 「日本鍛工川崎の新鋭工場を見る」(『経済之日本』第二〇巻第七号、一九三九年七月)四〇頁。

41 「日本鍛工の拡張と躍進性」(『東洋経済新報』一九三八年一月二九日号)一二四頁。

42 前掲『第二期営業報告書』四頁。

43 日本鍛工『第三期営業報告書』一九三八年下期、三頁。

44 日本鍛工『第六期営業報告書』一九四〇年上期、三頁。

45 理研の大河内正敏の提案にもとづき一九三八年四月に染谷鉄工所の事業を継承して理研鍛造が成立、公称資本金は五〇〇万円(払込資本金二五〇万円)、社長は染谷関太郎、三八年現在で品川工場と蒲田工場を有した(染谷、前掲書、七四―七六頁、および「膨張する理研鍛造」『東洋経済新報』一九三九年四月八日号、五五頁)。四一年五月に理研鍛造は理化学興業、理研鋼材、理研圧延工業、理研工作機械、理研鋳造とともに理研工業に合併された。

46 「日本鍛工」(『東洋経済新報』一九四一年一月一日号)一一三頁。

47 藤井、前掲書、一四五―一五〇、一八七頁。

48 同上書、一七四、一七六頁。

49 同上書、一八四―一八七頁。

50 「工作機械及鍛圧機械等ノ生産促進会議実施ノ件」昭和一七年八月二九日、および「副官ヨリ陸軍航空本部総務部長、陸軍兵器本部次長へ通牒」昭和一七年八月(アジア歴史資料センター、Ref. C01000877900)。

51 「航空機等ノ増産確保ノ為必要ナル鍛圧機械ノ緊急措置ノ件」「第一方針」昭和一八年一二月二日(アジア歴史資料センター、Ref. A14101167500)。

52 「鍛圧機械労務者不足ニ依ル生産阻害」(アジア歴史資料センター、Ref. C13120756200、『労務関係綴』昭和一八・一九年度)。
53 藤井、前掲書、一八八—一九一頁。
54 「日本鍛工の堅陣」(『興亜経済』第一五巻第六号、一九四二年六月)四三頁。
55 藤井、前掲書、一九三—一九六頁。
56 同上書、一四九頁。
57 「事業が若い強味持つ　日本鍛工」(『ダイヤモンド』一九四二年一一月一日号)五九—六〇頁。
58 藤井、前掲書、二〇五—二〇九、三七〇頁。
59 同上書、三五四—三五五、三五七頁。

終章

企業者精神・技術・人的ネットワーク

本書では戦前期大阪の機械工業関連分野において独自の地位を占めた創業者型企業家の活動をさまざまな観点から検討してきた。各章における議論の要点を整理すると以下のようである。

序章では最初に産業編成を概観し、戦間期、とくに満洲事変期以降重化学工業、なかでも機械工業の比重が増大し、戦時期には「産業構造の機械工業化」ともいえる状況を迎えることをみた。機械関連分野において創業までの期間が次第に長期化するとはいえ、戦前期大阪では一貫して創業者型企業家・経営者の継起的出現がみられたことを確認した。こうした旺盛な独立開業への意欲が何によるものなのかについてはいろいろな解釈があり得るが、最初に想定できることは被雇用者の立場から独立自営業者、さらに経営者、「一国一城の主」になることによってもたらされる所得水準の向上であった。従って徒弟見習い期間は独立創業のための準備期間であり、低賃金は技術を与えてくれる店主・工場主からの恩恵として観念されていたといえよう。また自営業者あるいは経営者になることは都市社会におけるフルメンバーシップを有した市民になることを意味した。「職工社会」から離陸し（離陸の高度はいろいろであるとはいえ）、自らの意志決定にもとづいて仕事を進め、同時にさまざまな公共的役割を担っていく存在として自営業者や企業者はあった。

第一章では大阪を代表する工作機械メーカー若山鉄工所の創業者である若山瀧三郎の足跡が検討された。徒弟修業の後独立開業し、収益の多くを自社設備の充実、輸入工作機械の導入に充て、病没するまで生産の第一線で指揮をとった瀧三郎はまさしく「生産人《プロダクション・マン》」であった。一九二〇年代の長期不況のなかで経営の挫折を経験した後、満洲事変期以降の景気回復、軍備拡大を背景に大阪若山鉄工所は復活し、工作機械工業界にあって五大メーカーに次ぐ地位をふたたび占めた。しかし所有経営者である瀧三郎が一九三八年に没すると同社の企業統治構造は大きく変化し、三六年上期末時点では若山瀧三郎・瀧三父子の持株比率は四〇・五パーセントであったが、三回の増資を経て四一年上期末の瀧三の持株比率は四・六パーセントに低下した。瀧三郎の跡を継いで取締役社長に就任したのは長男の瀧三ではなく、弁護士であり金融会社の代表者であった谷田俊二郎であり、四一年上期末の谷田は持株比率二九・五パーセントの圧倒的最大株主であった。

「生産人」といえば第二章で登場する溝口良吉も同様であった。永田製機所、大阪鉄工所、久松鉄工所といった明治後期の大阪を代表する機械工場、造船所で修業を重ねた溝口は一九一〇年に独立開業する。歯切、歯車加工という新しい技術領域の先駆者となった溝口は以後一貫して設備機械の充実に努めた。工場規模はそれほど大きくはなかったが、一九二〇年代末の溝口歯車工場の歯車加工用輸入工作機械は全国から注目されるものとなっていた。三〇年の新工場の建設は溝口歯車工場が飛躍する契機となり、相次ぐ設備拡張を経た三〇年代半ばの同社の輸入機械の陣容は同業者の垂涎の的となった。溝口歯車工場の優位は設備機械だけではなく、そうした世界一流の機械を駆使していかなる歯車加工需要にも応じることのできる良吉が先導する生産技術、現場技術にあった。同社の設備機械の素晴らしさと良吉に体現された高い現場技術の双方は機械関連学会からも注目されていた。

「生産人」は一人では生産活動を完結し得ない。材料を購入し、機械工具を手当てし、工場消耗品を補充し、出来上がった製品を顧客に届けるといった各局面では材料商、機械商、機械工具商などが鉄工所の活動を支えた。もちろん注文製品については生産者と顧客の直接取引が中心であったが、工作機械のような資本財においても顧客開拓を機械商に依存する場合はいくらでもあった。

第三章の酒井寛三は尋常小学校卒業後から明治期大阪の代表的金物・機械工具問屋である林音吉商店に勤め、一九一三年に三七歳で独立した。寛三は第一世界大戦期に三木製鉄の監査役に就任するなどメーカーとの関係を強化する一方、一八年六月に酒井寛三商店を合名会社、三一年一二月に株式会社に改組した。一九二〇年代初頭に同商店はリベットやナットを下請工場に製造させ、日本鉛管製造所、山本螺旋鋲製造所、黒田金床製造所と特約関係を結び、三木製鉄との代理店関係を継続し、米国から木捻子なども輸入していた。二〇年代に大阪を代表する金物問屋に成長した酒井寛三商店は欧米メーカーからのパイプ輸入を拡大させ、日本のパイプの相場は同商店と東京の斎藤長八郎商店が支配するとまでいわれた。しかしメーカーと顧客の直接取引が拡大するなかで問屋の地盤を維持することは容易ではなく、三〇年代になると酒井寛三商店は輸入品販売だけでなく、国産品のインド、東南アジア向け輸出にも取り組んだ。三一年に慶應義塾大学を卒業した長男文一郎が入店すると同商店の経営は次第に文一郎に委ねられるようになり、寛三は金山、各地の銅山に出資し、三四年に昭和合成化学工業が設立されると同社監査役に就任した。

第四章では椿本説三が経営する椿本商店と椿本チヱィン製作所が取り上げられた。神戸高等商業学校を卒業後、内外綿勤務を経てチェーン工場の経営に乗り出した椿本説三は船場の店舗を兄の三七郎に委ねたが、一九三一年に兄が没すると椿本商店と椿本チヱィン製作所双方の経営を担った。椿本商店南浜工場は「チェーン横丁」と呼ばれる自転車用チェーン生産の集積地で誕生した。二〇年代になって自転車用チェーン市場の拡大が見通せなくなったとき、説三は機械用チェーン生産に転換するが、その契機として海外から取り寄せたカタログからチェーンの多様な利用形態を知ったことが大きかった。南浜工場は二八年に椿本チヱィン工場に改称するが、カタログや官庁向け書類には椿本チヱィン製作所と名乗った。三〇年代前半の生産拡大は外注工場に大きく依存しており、椿本チヱィン製作所の従業者数が急増するのは戦時期であった。椿本チヱィン製作所は四一年一月に個人経営から株式会社に改組し、取締役社長に説三、四名の取締役には出光佐三、斎藤積善、山中一郎、大村利一が就任する。出光は神戸高等商業学校の先輩、斎藤は代理店である千代田組社長、山中は椿本チヱィン製作所の製造部長、大村は三井銀行から四〇年に入所した経理の専門家であった。時局産業における多くの急成長企業のガバナンス構造が機関投資家の進出によって大きく変化するなかで、説三は依然として所有経営者の地位を維持し、椿本チヱィン製作所に対する支配力を保持し続けた。

第五章で登場する桑田権平にとって一〇年近いアメリカ経験はきわめて重要であり、その後の人生を決定づけたといえる。一九一八年に開業したスピンドル工場を翌年に合資会社に改組し、桑田と松方幸次郎の折半出資とした。二〇年四月に社名を日本スピンドル製造所と改称し、同年に神崎工場を新設した。スピンドル、リング、フリューテッドローラなど紡績機械部品専業企業としての同社の発展を支えた要因として、内外の販路確保、重要資材の購入、最新の技術情報の入手、技術導入などがあったが、それらはいずれも桑田の多彩な人的ネットワークに支えられたものであった。しかし戦時期に入ると日本スピンドル製造所の業態も大きく変化し、紡績機械部品に代わって軍需品生産の割合が次第に上昇していった。民需生産から軍需生産へと日本スピンドルの生産体制が大きく切り替わる三九年九月に桑田は社長を辞任し、後任社長には豊田喜一郎が就任、続いて四〇年一〇月には豊田喜一郎に代わって寺田甚吉が社長に就任した。戦時期の桑田は軍需生産ではなく、学術支援活動に邁進した。

第六章では小林政治、小林愛三、品川良造の三兄弟によって経営された大阪変圧器の動向が考察された。創業時の株主募集において大きな役割を果たした政治であったが、以後の大阪変圧器の経営について技術面は愛三、営業面は良造が担った。重電機の分野では芝浦製作所、日立製作所、三菱電機、富士電機製造の重電四社を中心とした大規模企業の存在感が大きく、一九三〇年代にはカルテル組織である「さつき会」が活動した。変圧器の専業メーカーである大阪変圧器は品質向上、生産の効率化、長期契約による重要顧客の囲い込みなどによって大手重電メーカー、とくに日立製作所との激しい競争に耐えることができた。大阪変圧器の価格競争力は専門生産による面だけでなく、珪素鋼板という重要資材を同業他社が依存した八幡製鉄所からのみではなく、三菱商事の仲介でより安価に川崎造船所から独占的に購入できたことが大きかった。大阪変圧器は第一電機製造、川北電気企業社、逓信省電気試験所、安川電機製作所、東洋電気熔接機などでの勤務経験を有する優秀な技術者を中途採用し、自社の技術基盤を強化していった。さらに三〇年代半ばにおける電気溶接機生産への参入に際しては、愛三の後輩である京都帝大の岡本赳教授との太い結びつきが大きな意味を有した。

第七章では山田多計治が率いる大阪機械製作所の経営展開が検討された。一九二〇年二月に設立された大阪機械製作所は当初基軸商品を見出しえず厳しい経営が続いたが、多品種生産を続けつつ基礎を固めていった。転機は二七年二月の機械部主任本田菊太郎の入社であり、以後とくに満洲事変期以降紡績機械部品メーカーとして急速に成長した。本田は三五年六月にカサブランカ式よりも機構が複雑でないOM式A型ハイドラフト精紡機を完成させ、大阪機械製作所の主力商品とした。一方東京高等工業学校機械科卒の山田は技術者としてだけでなく、経営者としても手腕を発揮し、長岡鉄工所の買収合併に代表される企業買収を継起的に実施し、生産品種の拡大を図った。戦時期に入って紡績機械部品生産が続けられなくなると大阪機械製作所は兵器、工作機械、鉱山機械などの生産割合を高めた。この民需品から軍需品を中心とした多角的生産への転換をめぐって山田と本田の間に亀裂が生じ、本田は大阪機械製作所を離れることになった。戦時期における大阪機械製作所の規模拡大は著しかったが、所有経営者としての山田の地位に変化はなかった。

第八章では長年にわたって久保田権四郎の薫陶を受けた柴柳新二が一九二四年一一月に設立した恩加島鉄工所の動向が検討された。同鉄工所は鉄道、自動車関係の鍛工品生産に注力する一方、作業工具の国産化を推進し、日本窒素肥料興南工場で使用する電極ピンなども生産した。三四年六月に株式会社に改組され、同年にヨーロッパ各国を視察した柴柳は自動車用・航空機用エンジンバルブの製造方法を調査する一方、最新機械の買い付けを行った。三七年八月に柴柳が取締役社長を務める日本鍛工が設立され、同年一二月に恩加島鉄工所を合併した。戦時期の度重なる増資・払込株金徴収を経て四二年下期末現在の大株主では柴柳の上位に森暁、甲州財閥の穴水一族、鉄鋼問屋の岸本一族、久保田権四郎・静一などが並んだ。またアジア太平洋戦争後期になると戦時金融金庫の代表者平尾信通が専務取締役、藤田六郎元海軍機関大佐が取締役に就任する。柴柳は最新式鍛造機械の買い付け、海外鍛造業界の視察のために三七年六月から九月にかけて技師長の加藤毅、支配人格の加地稔、技師の吉田道雄をアメリカに出張させ、九月から一二月には飯尾昌克技師をドイツに派遣した。渡米班は新鋭機械だけでなく、鍛造図面や型彫図面も入手し、飯尾技師はドイツのオイムコ社が開発した航空機用中空バルブ＝ホロヘッドバルブの製作技術を習得して帰国した。こうして日本鍛工は自動車用鍛工品だけでなく、航空機用鍛工品生産も拡大したのである。

以上みてきた九名の企業家の企業者精神の底流には後発工業国日本の技術の後進性に対する強い自覚があった。彼我の格差がもっとも大きい産業の一つと見られていた工作機械工業や歯車加工業に従事した若山瀧三郎や溝口良吉の場合はとくにその自覚が強烈であった。彼らにとって技術向上とはまず何よりも欧米先進諸国から一流工作機械を調達することであり、それを極限まで推し進めたのが溝口歯車工場であった。しかし当然のことながら一流設備機械を揃えることは一流製品を生み出すための必要条件の一つに過ぎない。若山や溝口の非凡さは、一流設備機械を駆使して一流製品を造り上げる生産技術、現場技術を磨いていった点にあった。溝口の卓越した技術的手腕は歯車研究の第一人者である成瀬政男が注目するところであった。彼我の技術的格差に注目して欧米メーカーからパイプ類を輸入した金物問屋の酒井寛三もたえず欧米の技術動向に注目していた。一九二六年四月に寛三は二代目林音吉、同業の日垣太市郎、津崎亥之助、井上好三郎を誘い、約半年間の欧米視察旅行に出発した。こうして技術情報の収集に努める一方、寛三はメーカーと消費者の直接取引の拡大によって輸入品仲介に陰りがみえると、今度は国産品の東アジア、東南アジア輸移出を積極化する。変動する市場動向に対応したこうした機動力こそ問屋ビジネスの中核を構成するものであった。

ここで取り上げた企業者の企業者活動を考える場合、彼らが織りなす人的ネットワークの重要性を指摘できる。椿本商店・椿本チヱィン製作所の発展の契機は自転車用チェーンから機械用チェーンへの転換であったが、椿本説三がチェーンの可能性を知ったのが外国メーカーのカタログであり、そのカタログは親戚筋で外務省通商局に勤務していた菅和三郎に依頼して入手したものであった。また桑田権平の日本スピンドル製造所の発展を支えたのも権平を取り巻く人的ネットワークの存在であった。日本スピンドル製造所製品の在華紡、民族紡進出に際しては大日本紡績社長の菊池恭三や三井物産上海支店機械部主任の古市勉の支援が大きかった。さらに豊田と特約を結んでいたためにホワイティン社の工場見学を断られた桑田は知人がいたサコ・ローエル社の工場見学を許され、アメリカ式スピンドルの特徴を研究することができた。三四年七月の株式会社への改組は大日本紡績常務取締役今村奇男の発案によるものであった。

企業者によってはメンターの存在も大きい。桑田権平にとっての松方幸次郎、柴柳新二にとっての久保田権四郎がそのような存在であった。最初の合資会社設立は松方幸次郎との折半出資によるものであったし、権平は松方の依頼によって園池製作所の経営再建に当たった。さらに松方は自らが神戸瓦斯の社長としてリーバ兄弟商会から引き取ったベルベット石鹼会社の顧問に就任し、また東京の電球会社の取締役にも任ぜられたが、桑田はそうした松方の活動を支援した。日本スピンドル製造所の経営に多忙な桑田であったが、メンターである松方を支援し続けたのである。

柴柳新二も久保田鉄工所の営業部長を務めただけでなく、同社の多角化の一環ともいえる関西製鉄、さらに実用自動車製造の経営に参画した。両社とも計画通りには進まず、柴柳はいわば撤退戦を担うことになるが権四郎の指示に従った。恩加島鉄工所自体、久保田鉄工所恩加島工場の一角で誕生し、久保田権四郎・静一父子は恩加島鉄工所、日本鍛工の大株主の地位を一貫して維持した。また日本鍛工は戦時期に尼崎工場敷地の一部を久保田鉄工所に譲っているが、これは久保田が新設した尼崎製鉄の隣接地に鋳鉄管工場を新設して銑鋳一貫作業を行いたいという権四郎の希望に応えたものであった。交渉に当たった久保田鉄工所常務取締役の川端駿吾によると、柴柳は「久保田のご主人が喜ばれることが優先で、私はそれに続きます」[1]と答えたという。

大阪変圧器の場合、創業時の払込資本金一二万五〇〇〇円の約六割は三兄弟で賄ったが、残りは小林政治が繊維業者を中心とする友人知己に出資を依頼して集めたものであった。一九二九年には十三の内外電熱器を購入しないかとの話が三井物産からもたらされ、建坪約一五〇〇坪の変圧器工場を購入した。また同社の価格競争力を支えた大きな要因である川崎造船所からの珪素鋼板調達については三菱商事大阪支店と川崎造船所の協力が決定的であった。カルテル組織に対抗できる大阪変圧器の競争力はカルテル組織とは距離をおいた両社の協力なしには不可能であった。

一九二〇年二月の大阪機械製作所の設立に際して長岡市の山田家一統からの出資に依ったが、山田多計治以外の取締役は多計治の義兄、日本石油関係者、長岡鉄工所関係者であり、経営幹部も郷里長岡の人的ネットワークに依存したものであった。山田は大河内正敏が提唱する「農村の工業化」に共鳴して理研ピストンリングの監査役に就任し、津上製作所の長岡での立ち上げに全面的に協力するが、これらも郷里長岡、新潟の工業化に期待する山田の判断によるものであった。

対外的技術格差の縮小、キャッチアップを企業者精神の根底に据え、不足する経営諸資源を豊富な人的ネットワークを通じて調達するというのが、本書に登場する企業者たちの共通点であった。戦時期に入って海外からの資本財調達、技術情報収集の制約が次第に高まり、軍需生産の領域が一挙に拡大すると、彼らが企業者精神を自由に発揮する舞台は急速に縮小することになった。彼らが所有経営者としての地位を維持する場合もあったが、度重なる増資によって彼らの所有者として相対的地位の低下が進行し、経営者としても軍部からの規制・命令を無視できず、その権限の縮小は否めなかった。その意味で戦時期における彼らの経営体の躍進にもかかわらず、彼らの企業家精神はその源泉を徐々に枯らしつつあったといえるだろう。

創業者型企業家はいずれもその経営手腕によって経営の拡大を実現していった。その意味でだれもが「ワンマン」的性格を有していたといえるが、「ワンマン」的手腕と部下の声に耳を傾けることのバランスをとることは必ずしも容易なことではなかった。若山瀧三郎や溝口良吉の関心はもっぱら生産の現場に注がれており、技術者ではなかった椿本説三にとって山中一郎は不可欠の存在であった。一方柴柳新二の「ワンマン」ぶりは重役陣を二分するほどのものであった。また戦後になって山田多計治が退陣し、代わって本田菊太郎が経営の指揮をとるようになる際の指摘であることを割り引かなければならないが、この経営者の交代についてある雑誌記事は「本田氏は本年六十三歳だが、前社長の山田氏の如きワンマンではなく、少壮幹部の熱意に動かされて出馬しただけに、若い者の言い分にもよく耳を傾け、同時に慎重に考えて、徐々に実行するという危な気のない型の人物だから、銀行方面の信用と期待も篤く、第一、従来の独裁君主制から共和政体に入つた社内の空気が、最近頗る潑溂として来た」[2]と評した。

創業者型企業家に率いられた同族企業、家族企業が規模を拡大し、法人企業として成長する過程で「独裁君主制」から「共和政体」に移行することはなかば必然であったかもしれない。しかし専門経営者集団による「共和政体」が危機に直面したとき、カリスマとして創業者型企業家が再登場したり、創業者型企業家の記憶に体現された経営理念が危機突破の原動力になることはしばしばみられることである。

戦前期大阪は創業者型企業家、Captains of Industry に活躍の舞台を提供しただけでなく、彼らが継起的に出現したことが重要であった。創業者型企業家の継起的出現を準備したものこそ経済成長の内実であり、時代精神であったといえよう。また近代大阪の創業者型企業家は大阪出身者のみではなかった。表終―1は序章で使用した一九四〇・四一年調査にもとづいて機械工業経営者五一七名の出身地・学歴構成をみたものである。大阪府・京都府・兵庫県出身者は一九五名、全体の三七・七パーセントに留まり、

表終-1　生年期間別創業者型機械工業経営者の出身地・学歴

（人）

出身地・学歴別	1865－69年	1870－79年	1880－89年	1890－99年	1900－1909年	1910－19年	合計
大阪	1	2	20	43	36	3	105
兵庫		3	14	34	17		68
京都	1		3	13	4	1	22
その他近畿4県		7	11	29	25	4	76
小計	2	12	48	119	82	8	271
福井・石川			5	7	7	2	21
四国		1	12	26	17	2	58
中国		3	18	37	19	5	82
九州		3	5	14	2		24
小計		7	40	84	45	9	185
東京	1		3	4	1	1	10
その他諸道県			11	21	17	2	51
小計	1		14	25	18	3	61
合計	3	19	102	228	145	20	517
尋常小学校・不詳	3	10	55	104	59	4	235
高等小学校		2	4	17	13	2	38
中学校		3	3	14	8	3	31
実業学校・補習学校		1	8	26	30	7	72
専門学校		2	16	27	14	1	60
大学			6	18	10	1	35
各種学校			8	15	9	2	34
その他		1	2	7	2		12
合計	3	19	102	228	145	20	517

［出所］表序-2に同じ。
（注）（1）大阪府・京都府・兵庫県在住の創業者型機械工業経営者（含む商社・問屋134名）を表掲。
（2）各学校卒業者はすべて中退者を含む。

三重県を含む近畿二府五県で二七一名（五二・四パーセント）、西日本全体で八八・二パーセントに及んだ。一方で東京府を含む東日本出身者で大阪・京都・兵庫二府一県在住者は全体の一一・八パーセントに留まった。西日本一円からの人材供給なしに関西における企業者活動はありえなかったといえよう。

機械工業経営者五一七名の学歴別構成では尋常小学校・高等小学校・不詳が二七三名、全体の五二・八パーセントに達し、中学校・実業学校・補習学校・各種学校で一三七名（全体の二六・五パーセント）、専門学校・大学の高等教育修了・中退者で九五名（一八・四パーセント）であった。西日本一円から来るさまざまな背景を有する多様な人びとが、関西経済、大阪経済の活力の源泉であった。西日本一円から関西、大阪にやって来る理由、後にした故郷への思いは人の数だけあったが、[3] そうした思いを胸に活動の場を関西、大阪に定めた人びとの努力の結晶が経済成長の内実であり、革新の源であった。

注

1　藤井幸永『柴柳新二伝』柴柳新二伝刊行会、一九六五年、一七八―一七九頁。

2　舜堂生「本田菊太郎氏」（『日本経済新報』第五巻第四号、一九五二年二月）一七頁。

3　満一〇歳になる四日前、尋常小学校修了を四カ月後に控えた松下幸之助は、一九〇四年一一月二三日に母に連れられて南海鉄道の紀ノ川駅から難波駅に向かった。百年史編纂委員会編『パナソニック百年史』（パナソニック、二〇一九年）は、「紀ノ川駅は和歌山市内から紀ノ川を渡った北側にある。当時、一家が住んでいた和歌山市内から最寄りの和歌山市駅ではなく紀ノ川駅へ向かった理由は定かではない」（三頁）として創業者の胸裏に思いを馳せている。

あとがき

松下幸之助『私の生き方 考え方―わが半生の記録』（PHP文庫）は、読むたびに発見がある。グローバル企業・パナソニックの創業者の成功譚というよりも、日露戦争のさなか満一〇歳を直前に尋常小学校を中退して郷里和歌山を後に大阪に出た感受性の強い少年が何に驚き、何を願い、伴侶を得た後「独立開業」し、何と格闘しながら自らの道を切り開いていったのか、読むにつれ一世紀の時間を超えて胸に迫るものがある。

一方アジア歴史資料センターの史料のなかに一九三四年に大阪市東成区深江町の片隅で事業を開始した人物の記録がある（大阪府知事縣忍「自動車附属品製造業者等調査方照会ニ関スル件」昭和九年一一月一四日、Ref. B09041647200）。この某製作所について、史料は「本製作所ハ家内工業ノ小規模ニシテ本名《ママ》實父弟及妻ノ家族ニテ自動車タイヤノバルブインサイド（タイヤノ空気止）ノ口金及自動車フユーズノ製造ヲ問屋ヨリ受ケ家族カ賃仕事ヲナシ本年（一九三四年―引用者注）四月ヨリハ賃仕事ヲ止メ自宅二階ニ於テ之レカ製造業ヲナシ居レルモ職工等ハナク小規模ナル家内工業ナリ」と紹介している。事業主は〇九年に富山県に生まれ、尋常小学校卒業後、実父母とともに来阪し、東成区大今里町に居住し、附近のメッキ工場、洋傘骨工場の職工となり、二九年頃より自動車フューズ、バルブインサイド口金の賃仕事を行ない、前述のように三四年四月に「独立」して「家内工業」を開始した。製品は主として大阪市内の自動車部品店に卸売りを行なった。さらに彼は販路拡大を目指して金沢、福岡、熊本、宮崎、長崎、鹿児島の各商工会議所、さらに新京商工会議所に対して以下の照会を往復葉書にて発出していた。

拝啓　大阪市内ニ於テ自動車用品ノ製造販売ヲ致シ居リ候ヘドモ安クテ優良ナル商品ヲ卸売屋或ハブローカーノ手ニ委ネテ居ルヨリモ直接之ヲ地方ノ皆様ヘ販売スルコトハ国家ノ為ニ非常ニ有益ナルコトニ思ヒ居候　就テハ御所ノ手ニ依リ市内自動車用品業者ノ住所氏名ヲ御報セ下サレハ弊所ヨリ見本及カタログ御送リ致候　不正ナル商品ヲ駆逐スルコトハ国家ニ多大ナル利益ニ依ルモノト思ヒ候　何卒宜敷御返報下サレ度候

雇用労働者のいないまったくの家族経営の経営者が販路開拓のために九州や「満洲」の商工会議所に照会しているのである。一方、一九一七年六月二〇日に大阪電燈を退職した二二歳の松下幸之助が借家を改造して四畳半の半分の作業場をもったのが東成郡鶴橋町猪飼野であった。大阪電燈時代の同僚二人が協力を申し出てくれ、同月には妻むめのの弟井植歳男（一四歳）を淡路島から呼び寄せ、総勢五名で作業を開始した。翌一八年には北区西野田大開町に移転し、三月七日に新築の二階建て借家に松下電気器具製作所の看板を掲げた。問屋との関係に苦しみつつも販路を拡大し、二〇年恐慌にもかかわらず二一年には松下電気器具製作所は早くも従業員三五名の規模に成長した（百年史編纂委員会編『パナソニック百年史』パナソニック、二〇一九年、一四─一五、二六、三七頁）。

創業期の松下電気器具製作所にとって直販ルートの開拓は苦難に満ちたものであったが、先の東成区深江町の某製作所も「安クテ優良ナル商品ヲ卸売屋或ハブローカーノ手ニ委ネテ居ルヨリモ直接之ヲ地方ノ皆様ヘ販売スルコトハ国家ノ為ニ非常ニ有益ナルコト」として「卸売屋或ハブローカー」排除を目指していた。

創業間もないメーカーは製品をつくることだけでなく、その製品を市場に届けるという難問に向かい合う必要があった。その限りでは松下電気器具製作所も某製作所も違いはなかった。

本書では九名の創業者型企業家の軌跡を追跡した。若山瀧三郎、溝口良吉、酒井寛三の三人は徒弟修業を経験した後独立した叩き上げの企業家だった。「生産人」としての人生を全うした若山瀧三郎と溝口良吉であったが、若山は工作機械、溝口は歯車生産において日本を代表する工場を育て上げた。両者の関心は工場、設備機械、現場技術にあり、財務は他人任せであった。そのことが瀧三郎亡き後の企業ガバナンスの急激な変容、溝口歯車工場の売却をもたらすことになる。一方酒井寛三の市場動向に対する感覚は鋭く、輸入品ビジネスから国産品の東南アジア輸出、さらに鉱山・化学などの分野への出資と経営環境の変化に機敏に対応していった。

椿本説三（神戸高等商業学校卒業）はチェーン、桑田権平（ウースター工科大学卒業）はスピンドル、小林愛三（京都帝国大学理工科大学卒業）・品川良造（神戸高等商業学校卒業）は柱上変圧器、山田多計治（東京高等工業学校卒業）は紡績機械、柴柳新二（大阪高等工業学校中退）は鍛工品の分野でそれぞれ革新的事業を展開し、いずれも大学・専門学校卒業・中退者であった。彼らの非凡さは随所に現れているが、椿本説三は自転車用チェーンに陰りが見え始めると工業用チェーンの分野を開拓し、九年に及ぶアメリカ経験はその後の桑田権平の人生に決定的影響を与えた。桑田は戦前の巨大産業綿紡績業をスピンドルの専門生産で支えた。小林愛三・品川良造兄弟は大企業が優勢な重電機の分野において、柱上変圧器の専門生産、独自の営業政策を貫いた。一方苦難の一九二〇年代を製品多角化で凌ぎ、本田菊太郎という非凡な技術者を得ることで山田多計治は大阪機械製作所を代表的紡機メーカーに成長させた。柴柳新二は鉄道車輌、自動車、航空機と拡大する鍛工品市場の要請に柔軟に対応しながら大阪大正区の小工場を日本を代表する鍛工品メーカーに育て上げた。

彼らはいずれも数多くの同業者のなかでも際立った「成功者」である。しかし本書の関心は成功の秘密ではなく、『私の生き方 考え方―わが半生の記録』が丁寧に描いているような日々の小さな実践と革新、変化する流通・市場、経営環境に対する彼らの認識にある。戦時期における軍需の拡大は本書に登場する企業家の多くにとって事業拡大の大きな機会であったが、酒井寛三にとって軍需拡大は逆風であり、桑田権平も自らが創業した会社が軍需生産を拡大すると静かに退場し、学術支援活動に邁進するようになる。

大阪市による著名な調査によると、一九三七年末現在の大阪市の機械器具工業では個人組織が七四六一工場、法人組織が八一一工場であった。前者の七四六一工場の工場主の経歴をみると、「同種工業労務者ヨリ独立」が五三五五名（全体の七一・八％）、「家業継承ニヨルモノ」八三三名（一一・二％）であり（大阪市役所編『大阪市工業経営調査書　金属・機械器具工業　昭和十二年』一九四〇年）、個人組織の機械器具工場では職工が独立して自らの工場を開業することによってその数を増やしていったことが分かる。

比較的規模の大きな法人組織の八一一工場とともに個人組織の七四六一工場が存在し、後者から前者に組織変更するものが続くことで各業界にダイナミズムを生じさせ、同時に職工の独立開業が後者のすそ野を拡大深化させるというのが経済成長の内実であったといえよう。一〇に満たない事例であるが、本書が目指したものはそれぞれの企業家の期待と失望、判断と野心を描くことであった。それがどこまで実現できているかは、読者の皆さま方の厳しい判断を待つしかない。

本書の第三章（初出は「戦前期大阪金物問屋の経営展開―酒井寛三商店の事例」『南山経営研究』第三四巻第二号、二〇一九年九月）、第五章（「桑田権平と日本スピンドル製造所」『大阪大学経済学』第六一巻第二号、二〇一一年九月）、第七章（「山田多計治と大阪機械製作所」『企業家研究』第二二号、二〇二三年七月）は既発表論文に若干の加除修正を加えたものであるが、その他の諸章はすべて書き下ろしである。

資料や関連記録の収集について、溝口良吉に関して、住友重機械ギヤボックス株式会社企画管理部の山﨑剛氏、酒井寛三に関して、酒井興業株式会社の酒井直紀代表取締役社長、および酒井聰治相談役、山田多計治に関して、株式会社オーエム製作所経営企画管理部の志賀昌浩氏にそれぞれお世話になった。記して謝意を表したい。

大阪大学出版会編集部の板東詩おりさんには、刊行までの長い道のりを確かな編集作業で支えていただいた。衷心よりお礼申し上げたい。大阪大学出版会からは二〇一二年に『近代大阪の工業教育』を刊行していただいたが、本書の内容はそれと共鳴する部分も多い。近代大阪の歴史的経験が有する普遍的意義を少しでも伝えることができたならと願うばかりである。

大阪大学総合図書館、同理工学図書館を中心に関西の各図書館・文書館を巡りながら、調査の目標を定め、ある程度の目途が立つとその都度、その内容を友人たちに語り、忌憚のない意見をいただけることが何よりの幸せである。また二〇二三年末から京都にある住友史料館の活動に参加することになった。やりがいのある仕事を与えて下さった同館関係者の皆さま方にも感謝したい。体力次第であるが、可能であれば今後も経済史・経営史研究という豊饒な世界の一員でありたい。

二〇二五年一月

沢井　実

企業者と大阪経済の略年譜

西暦	企業者の関係事項	大阪経済の歩み
一八六八		五月、川口運上所（現大阪税関）設置
一八六九		一月、大阪市街地接続の東成・西成両郡二五町村を、市街地に編入
一八七〇	一〇月七日、桑田権平、東京市麴町三番町に生まれる	二月、大阪城内に造兵司設置（後の陸軍造兵廠大阪工廠）
一八七一		四月、造幣寮開業
一八七三	三月八日、若山瀧三郎、岐阜県養老郡上多度村に生まれる	
一八七四		五月、大阪―神戸間の鉄道開通
一八七六		九月、京都―大阪間の鉄道開通
一八七八	九月九日、酒井寛三、石川県羽咋郡栗生村に生まれる	七月、大阪株式取引所開業、大阪商法会議所設立
一八七九		一二月、大阪手形交換所開設
一八八〇		一一月、私立大阪商業講習所設立（八一年に府立となる）
一八八二	一二月二八日、溝口良吉、大阪市北区堂島北町に生まれる	五月、大阪紡績会社設立
		一二月、日本銀行大阪支店開業
一八八三		一〇月、関西府県聯合共進会開催（博覧会の始まり）
一八八四	桑田権平、渡米	五月、大阪商船会社開業
一八八五		三月、府立商業講習所を府立大阪商業学校と改称（現大阪公立大学）
		一二月、阪堺鉄道会社、難波―大和川間開通（現南海電鉄）
一八八七	九月二〇日、榊原（柴柳）新一、兵庫県神崎郡香寺町に生まれる	三月、天満紡績・天満織物両会社設立
一八八八	一月、谷内田（山田）多計治、新潟県長岡市に生まれる	

一八八九	七月一六日、小林愛三、兵庫県加西郡北条町に生まれる	
一八九〇	三月二三日、椿本説三、大阪市西区九条に生まれる 九月、榊原新二、柴柳芳太郎・かめの養嗣子となる	一一月、大阪府立商品陳列所開設
一八九一	酒井寛三、堂島の林音吉商店に丁稚奉公	一月、大阪商業会議所設立認可（現大阪商工会議所）
一八九二	七月、小林（品川）良造が生まれる	
一八九三	六月、桑田権平、ウースター工科大学を卒業、帰国後、大阪砲兵工廠に勤務	四月、大阪電話交換局開設
一八九四		七月、日清戦争起こる
一八九五		四月、日清講和条約（下関条約）締結 五月、住友銀行設立認可
一八九六		五月、官立大阪工業学校設立（現大阪大学工学部）
一八九七		四月、第一次市域拡張、隣接二八カ町村合併 七月、大阪商品取引所設立 一〇月、大阪銀行集会所設立
一八九八	若山瀧三郎、独立、大阪市南区鍛治屋町で江崎工場の下請け作業を開始	
一九〇〇		五月、紡績聯合会、翌年三月まで長期操短を行う
一九〇一		四月、大阪に銀行恐慌勃発、各地へ波及
一九〇三	桑田権平、大阪砲兵工廠を退官、川崎造船所社長松方幸次郎の懇望によって同所に入所	三月、第五回内国勧業博覧会、七月まで開催 一〇月、府立工業試験場設置
一九〇四		二月、日露戦争起こる
一九〇五		九月、日露講和条約（ポーツマス条約）調印

西暦	企業者の関係事項	大阪経済の歩み
一九〇九	七月、谷内田（山田）多計治、東京高等工業学校機械科を卒業、新潟水力電気を経て、一二年に長岡鉄工所組合に転じる	六月、新淀川完工式
	柴柳新二、大阪高等工業学校舶用機関科を退学、一〇年四月、久保田鉄工所に入所	七月、北の大火、五一カ町村一万一三〇〇余戸焼失
		一〇月、天王寺公園完成
一九一〇	一月、溝口良吉、歯切専門業者として独立	三月、箕面有馬電気軌道、梅田—宝塚間、石橋—箕面間開通
一九一一		一一月、南海鉄道、難波—和歌山間全線電化完成
一九一二	椿本説三、神戸高等商業学校を卒業、内外綿に入社	
一九一三		一一月、大阪府信用組合聯合会設立
一九一四	小林愛三、京都帝国大学理工科大学電気工学科卒業、津山電気に入社	四月、大阪電気軌道、大阪—奈良間開通
	酒井寛三、林音吉商店から正式に独立、酒井寛三商店を名乗る	六月、大阪紡績と三重紡績合併、東洋紡績設立
		七月、大阪工業会創立
		七月、第一次世界大戦起こる
		八月、北浜銀行臨時休業
一九一五	一〇月、小林愛三、大阪電機製造に転じる	一月、対華二一カ条要求
一九一六		三月、木津川運河完成
		一一月、大阪市立工業研究所開所
一九一七	椿本説三、内外綿退社、一二月、三平の元職長、田村幾三を招いて、椿本工業所を設立	
一九一八	四月、桑田権平、大阪府西成郡浦江に浦江製作所を開業	八月、大阪にも米騒動起こる

	六月、酒井寛三商店、個人経営から合名会社（資本金五万円）に改組	一〇月、大阪市中央公会堂竣成
一九一九	一月、椿本工業所を椿本商店（店主は兄の三七郎）に改め、工場を同商店南浜工場とする 六月、桑田権平、浦江製作所を合資会社に改組、松方幸次郎との折半出資で資本金を一五万円とする 二月、大阪変圧器株式会社設立（資本金五〇万円）、小林政治社長、小林愛三常務、品川良造取締役支配人 柴柳新二、久保田鉄工所を退社、柴柳洋行を設立	六月、大阪市営住宅初めて桜宮・鶴町に建設される
一九二〇	二月、山田多計治、大阪機械製作所（資本金一五万円）を設立 四月、合資会社日本スピンドル製造所と改称、資本金を三〇万円に増資 五月、株式会社若山鉄工所（資本金二〇〇万円）設立	三月、一九二〇年恐慌起こる
一九二一	九月、酒井寛三商店、中国、東南アジア各地における「金属扱商」の紹介を外務省商工局に依頼	五月、大阪市最初のメーデー 七月、川崎・三菱両造船所に大罷業起こり、軍隊出動 一二月、官立大阪外国語学校設立
一九二三		四月、大阪砲兵工廠、陸軍造兵廠大阪工廠と改称 九月、大阪市、大阪電灯会社を買収
一九二四	二月一五日、若山鉄工所、減資を決定（資本金五二万五〇〇〇円） 二月、柴柳新二、恩加島鉄工所を設立	
一九二五		三月、大阪中央卸売市場開設 四月、第二次大阪市域拡張（東成・西成郡を編入、一三区となる）

西暦	企業者の関係事項	大阪経済の歩み
		五月、大阪府立産業能率研究所開設
		六月、大阪放送局、ラジオ放送を開始
一九二六	八月、日本スピンドル製造所、浦江工場を閉鎖、従業員・設備を神崎工場に統合	
	酒井寛三、二代目林音吉、津崎亥之助、井上好三郎らと欧米視察	
一九二七	七月、本田菊太郎、大阪機械製作所に入社、機械部主任となる	二月、大阪市営バス営業開始(阿倍野—平野間)
	大阪機械製作所、資本金一五万円全額払込、その後相次ぐ増資によって、四二年下期に資本金二〇〇〇万円となる	
一九二八	六～一一月、酒井文一郎(三一年、慶應義塾大学卒業)、ブラジル、アメリカ産業視察旅行を行う	三月、大阪商科大学設置
	二月、若山鉄工所解散、工場を閉鎖	
	南浜工場を椿本チエィン工場(カタログなどでは椿本チエィン製作所とする)とし、説三が所主となる	
一九二九	五月、山田多計治、北越機械工業を買収、北越機械製作所と改称	四月、府立工業奨励館開館
	九月、大阪変圧器、内外電熱器の変圧器工場を購入	一〇月二四日、世界大恐慌始まる(暗黒の木曜日)
	二月、若山瀧三郎、京都市で生産を再開、合資会社若山鉄工所(資本金一五万円)を設立、この試みは成功せず	
一九三〇	一月、溝口良吉、大阪市西淀川区佃町に下福島の工場と平松町の工場を合併移転	一月、金輸出解禁
	八月、若山瀧三郎、旧恩加島工場付属の倉庫内に工場を開業	一月、府立商品陳列所を府立貿易館と改称
	恩加島鉄工所、「ハッピー印工具」の商標で作業工具を販売	六月、阪和線、天王寺—和歌山間開通
		九月、米価、生糸大暴落

一九三一	三月、山田多計治、上海共同租界に大豊鉄廠を設立	五月、大阪帝国大学設立
	一二月、合名会社酒井寛三商店、株式会社（公称資本金二〇万円）に改組	八月、高島屋一〇銭均一ストアー開設
		九月一八日、満洲事変起こる
		一二月一三日、金出再禁止
一九三二	一月、珪素鋼板供給について、川崎造船所と大阪変圧器の間で契約成立	五月、工業奨励館内に大阪府金属材料研究所設立
		一〇月、東成区から旭区、港区から大正区を分区（一五区）
一九三三	四月、大阪機械製作所、長岡鉄工所の経営権獲得、三六年八月、長岡鉄工所を合併して長岡支店とする	五月、地下鉄梅田—心斎橋間開通
	一二月、合資会社大阪若山鉄工所（資本金三〇〇〇円）設立	七月、大阪南港埋立工事着工
一九三四	一月、溝口良吉、個人経営を合名会社溝口歯車工場（資本金六〇万円）に改組、一一月、資本金を一六〇万円に増資	九月、室戸台風、関西を襲う
	六月、恩加島鉄工所、株式会社（資本金二〇〇万円）に改組	
	七月、日本スピンドル製造所、株式会社に改組（資本金一〇〇万円）	
	七月、合資会社大阪若山鉄工所を株式会社（資本金一五万円）に改組	
	柴柳新二、八月からヨーロッパ各国を視察、最新機械の買い付けを行う	
	一一月、昭和合成化学工業設立、酒井寛三、同社監査役に就任	
	溝口歯車工場、シースデフリース社製の超大型ホブ盤（価格三五万円）を購入	
	大阪変圧器、交流アーク溶接機の試作開始	

西暦	企業者の関係事項	大阪経済の歩み
一九三五	六月、本田菊太郎発明のＯＭ式Ａ型ハイドラフト精紡機が完成	
一九三六	九月五日、溝口歯車青年学校開校、校長は溝口良吉	四月、阪神急行電鉄、梅田―三宮間開通
	二月、日立製作所と大阪変圧器の間で販売協定成立	
	大阪変圧器の資本金五〇万円全額払込済、その後、相次ぐ増資によって四五年上期の資本金は四〇〇万円	
一九三七	一月、大阪製鎖造機、四〇〇万円で溝口歯車工場を買収、溝口良吉は取締役工場長に就任	五月、御堂筋全線開通
	三月、山田多計治、長岡に設立された津上製作所（後、津上安宅製作所に社名変更、大阪機械製作所関係役員は全員辞任）の社長に就任	七月、日中戦争勃発
	八月、柴柳新二、日本鍛工（資本金五〇〇万円）設立、同社は一二月に恩加島鉄工所を合併、資本金七〇〇万円となる	
	一一月、財団法人繊維科学研究所設立、桑田権平、研究費基金一〇万円を出資	
	一二月、第二若山鉄工所を設立、大阪若山鉄工所、信太山工場の建設に着手	
一九三八	二月一五日、若山瀧三郎、永眠、谷田俊二郎、社長に就任	四月、国会総動員法公布
	四月、大阪製鎖造機、前川歯切工場を合併、四一年二月、平尾鉄工所を合併	
	五月、大阪若山鉄工所、第二若山鉄工所を合併（資本金三〇〇万円）、一〇月、工作機械製造事業法による許可会社となる	

	六月、本田菊太郎、大阪機械製作所の専務を辞任、四〇年六月に相談役も辞任	
	九月、日本鍛工、満洲工作所と合弁で日満鍛工を創設	
	椿本チエィン製作所、鶴見新工場の第一期工事完成	
一九三九	四月、日立製作所と大阪変圧器の共同出資によって満洲変圧器設立	四月、日本発送電成立
	九月、桑田権平、日本スピンドル製造所社長を辞任、後任社長に豊田喜一郎就任	九月、第二次世界大戦勃発
		九月、堂島米穀取引所解散
一九四〇	五月、本田菊太郎、青島に設立された東亜重工業の専務取締役に就任	六月、大阪市、青バスを買収し市バスに統合
		一〇月、大政翼賛会成立
一九四一	一月、椿本チエィン製作所、株式会社（資本金三〇〇万円）に改組、二月、産業機械統制会会員となる	
	四月、日本スピンドル製造所と日本内燃機が合併、日本内燃機（寺田甚吉社長）となる	三月、大阪電気軌道と参宮急行電鉄の合併によって、関西急行鉄道設立
		一〇月、大阪三品取引所無期休会
		一二月八日、アジア太平洋戦争勃発
一九四二	一月、日本鍛圧機械設立、柴柳新二、社長に就任	四月、関西配電創設
	二月、大阪若山鉄工所、大日本工機（資本金一四〇〇万円）に社名変更	六月、大阪三品取引所、東京商品取引所など解散決定
		一〇月、大阪府食糧営団開業
一九四三	一〇月、椿本チエィン製作所、資本金を七五〇万円に増資	三月、府立貿易館廃止、大阪南方院設置

西暦	企業者の関係事項	大阪経済の歩み
		四月、大阪市二二区に増区
		一〇月、阪神急行電鉄と京阪電気鉄道が合併、京阪神急行電鉄に商号変更
一九四四	四月、日本鍛工、軍需会社に指定される	一月、大阪府都市疎開実行本部設置
		六月、関西急行鉄道と南海鉄道が合併、近畿日本鉄道成立
一九四五		一月、大阪市、初めての空襲を受ける
		三月一三・一四日、大阪大空襲
		六月、近畿地方総監部設置
		八月一五日、終戦

［出典］大阪府編『大阪百年史』一九六八年、年表、一三二九―一三三八頁、大阪工業会編『大阪工業会六十年史』一九七四年、年表、三五一―三六六頁、および大阪商工会議所編『大阪商工会議所百年史』資料編、一九七九年、年表、五九―一一五頁。

ち

つ

て

と

な

に

索引

沢井実（さわい・みのる）
1953年、和歌山県生まれ。1978年、国際基督教大学教養学部社会科学学科卒業。1983年、東京大学大学院経済学研究科第二種博士課程単位取得退学。博士（経済学、大阪大学）。東京大学社会科学研究所助手、北星学園大学経済学部専任講師・助教授、大阪大学経済学部助教授を経て、1998年大阪大学経済学研究科教授。2016年より南山大学教授（2022年まで）。元経営史学会会長。専門は日本経済史、日本経営史。大阪大学名誉教授。現在、住友史料館館長。

【主な業績】
『近代日本における企業家の諸系譜』（共編、大阪大学出版会、1996年）
『近代大阪の工業教育』（大阪大学出版会、2012年）
『近代日本の研究開発体制』
（名古屋大学出版会、2012年、日経・経済図書文化賞受賞）
『近代大阪の産業発展』（有斐閣、2013年）
『八木秀次』（吉川弘文館、2013年）
『日本帝国圏鉄道史』
（名古屋大学出版会、2024年、鉄道史学会住田奨励賞受賞）
など多数

近代大阪の企業者群像
機械工業を中心に

発　行　日　2025年3月31日　初版第1刷
著　　　者　沢井実
発　行　所　大阪大学出版会
代表者　三成賢次
〒565-0871 大阪府吹田市山田丘2-7　大阪大学ウエストフロント
電話:06-6877-1614（直通）　FAX:06-6877-1617
URL　https://www.osaka-up.or.jp
ブックデザイン　佐藤大介 sato design.
組　　　版　内山彰議（株式会社 D-TransPort）
印刷・製本　株式会社 遊文舎

ISBN 978-4-87259-836-0　C3034